초강력
곤충왕
생물 배틀 도감 1탄
오노 히로쓰구 감수
서울문화사

들어가는 글

곤충들은 집의 정원이나 나무줄기, 흙 속 등 어디에나 살고 있습니다. 어린 시절에 곤충 채집에 푹 빠졌던 사람도 많을 것입니다.

저도 어린 시절에는 잠자리채와 곤충 채집 상자를 들고 정신없이 곤충을 따라다녔던 소년이었습니다. 들판을 뛰어다니며 나비나 잠자리를 잡고, 잡목이 우거진 숲에 들어가 장수풍뎅이와 사슴벌레를 잡기도 했습니다. 또 나무 그늘에 있는 돌을 뒤집어서 작은 곤충을 찾기도 하면서 아침부터 해가 질 때까지 줄곧 놀았던 것을 기억합니다.

유자나무 잎에 붙어 있는 유충(애벌레)을 가져와서 상자에 넣어 기른 적이 있는데, 번데기에서 아름다운 호랑나비가 되어 나오는 그 순간의 감동은 지금도 잊을 수가 없습니다. 알에서 유충, 번데기, 그리고 성충(어른벌레)으로 성장하는 과정을 보면서 곤충에게 큰 매력을 느꼈습니다.

현재 지구상에 서식하는 곤충의 종류는 대략 100만 종으로, 이는 전 세계에 서식하는 생물 종의 절반 이상에 해당합니다. 다만, 아직 발견되지 않은 곤충의 종류가 1,000만 종을 넘을 것으로 추정하고 있어서 실제로는 곤충이 더 많이 존재할지도 모릅니다.

우리 가까이에 존재하면서도 여전히 많은 수수께끼가 숨겨져 있는 곤충들. 저도 알면 알수록 호기심이 생기고 어른이 된 지금도 그 불가사의한 생태에 마음을 빼앗기고 있습니다. 이 책에서는 곤충들의 뛰어난 능력과 매력을 깊이 알기 위해서 그들의 생태를 소개하면서 토너먼트 형식의 곤충 배틀을 펼칩니다. 컴퓨터 그래픽(CG) 일러스트를 사용한 박진감 넘치는 배틀 장면을 마음껏 즐기면서 곤충과 더 가까워지길 바랍니다.

오노 히로쓰구

차례

초강력 곤충왕 대도감

초강력 곤충 최강왕 결정전

생생 곤충 탐구 & 신기한 곤충 이야기

호기심 곤충 도감 & 초강력 곤충왕 대도감에 등장한 곤충 소개

에 대해서

는 무시무시한 힘을 가진 수많은 곤충이 존재한다. 혹독한 자연환경에서 살아남기 위해 목숨을 걸고 먹
거나 영역 다툼을 하고, *의태하는 능력을 이용해서 천적으로부터 자신을 지키는 곤충들이 있다.
수많은 곤충 중에서 117종 곤충의 생태와 능력, 생활을 소개한다. 특히 전투 능력이 뛰어난 곤충들을 선
세계 최강의 곤충을 결정하는 '초강력 곤충 최강왕 결정전'도 동시에 개최한다. 초강력 곤충들이 펼치
배틀을 생생한 컴퓨터 그래픽(CG) 일러스트로 시뮬레이션해서 곤충 최강왕을 결정한다.

*의태: 자신의 몸을 보호하거나 사냥하기 위해서 모양이나 색깔이 주위와 비슷해지는 현상

배틀 규칙

① 각 토너먼트의 조합은 모두 추첨으로 결정한다.

② 배틀에 출전하는 곤충은 그 종에서 가장 큰 개체로 한다.

③ 배틀에서 두 선수의 체격 차이가 있는 경우에도 우월한 곤충에게 불리한 조건을 부여하지 않는다.

④ 배틀의 패배 조건은 사망한 경우, 상처를 입고 전투할 수 없는 상태가 된 경우, 확실한 전투 의욕 상실을 보여 배틀을 계속할 수 없게 된 경우로 한다. 어느 한쪽이 이 조건을 만족할 때까지 배틀 시간은 무제한으로 계속한다.

⑤ 이전 배틀에서 받은 부상과 체력 저하는 다음 배틀에 영향을 주지 않는 것으로 한다.

⑥ 배틀 장소는 실제 사는 곳의 환경을 재현하지 않지만, 두 선수 모두에게 불리하지 않도록 설정한다.

⑦ 배틀 장소의 기온과 습도, 시간대 등도 두 선수가 마음껏 힘을 발휘할 수 있는 환경으로 조성한다.

출전자는 적극적으로 시합에 임한다!

곤충 중에는 온화한 성격을 가진 종과 공격적인 성격을 가진 종이 있다. 이번 토너먼트 시합은 최강왕을 결정하는 배틀이기 때문에 출전자의 기질이나 성격은 고려하지 않고, 곤충이 가진 순수한 힘과 능력만을 이용해 적극적인 힘겨루기를 한다.

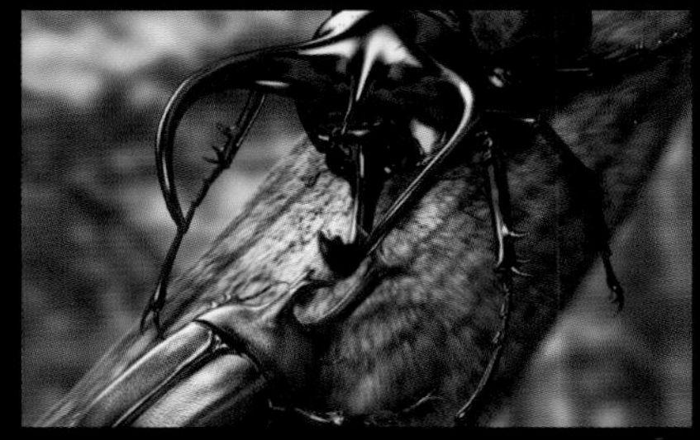

주의할 점

- 이 책은 곤충을 해치는 것이 목적이 아니라, 배틀을 통해 생물의 생태와 능력을 알아가는 것을 목적으로 한다.
- 이 책에 등장하는 곤충끼리의 배틀은 실제로 싸우게 해서 재현한 것이 아니라, 표본과 관찰 등의 연구 결과에 기초한 시뮬레이션이다. 따라서 실제 배틀의 결과도 반드시 이 책에 나오는 대로 승패가 난다고 할 수 없다.

이 책의 구성

본문 보기

① 곤충의 종류를 나타낸다.

② 곤충의 학명(학술의 편의를 위해 동식물에 붙이는 세계 공통의 이름)을 나타낸다.

③ 곤충의 이름을 나타낸다.

④ 곤충의 실제 사진이다.

⑤ 곤충의 생태와 주요 능력에 대해 설명한다.

⑥ 곤충의 공격력, 민첩성, 난폭성, 파워, 방어력을 5단계로 나타낸다.

⑦ 곤충의 분류, 먹이, 사는 곳, 특징(습성과 성격), 전체 길이(수컷에 해당. 거미의 경우에는 발을 제외한 암컷의 몸길이로 표기), 분포 지역을 나타낸다.

배틀 장면 보기

딱정벌레목① 제1시합 유럽사슴벌레 VS 넓적사슴벌레 초강력 곤충 최강왕 결정전

사슴벌레의 강자들이 힘을 겨루기 위해 한자리에 모였다. 첫 시합에서 대결할 선수는 유럽사슴벌레와 넓적사슴벌레이다. 각각 유럽과 우리나라를 대표하는 사슴벌... 를 치열한 배틀이 기대된다. 넓적사슴벌레는 성격이 사나운 ... 유명한데, 그 맹렬한 공격을 유럽사슴벌레가 어떻게 받아내서 제압할 수 있을지 숨죽여 지켜보자.

격렬하게 움직이는 큰턱!

배틀 시작!

붉은 큰턱과 검은 큰턱이 상대를 겨냥한다!

나뭇가지 위에서 서로 노려보는 유럽사슴벌레와 넓적사슴벌레. 유럽사슴벌레는 붉은 큰턱을 치켜들고, 넓적사슴벌레는 검은 큰턱을 치켜세운다. 두 선수 모두 싸움에 대한 투지가 불타오른다.

두 선수 모두 '딱딱' 소리를 내며 격렬하게 큰턱을 벌렸다 닫았다 한다. 어느 한쪽이 움직이기 시작하자, 두 선수가 단숨에 거리를 좁힌다. 큰턱을 사용해서 상대의 몸통을 붙잡아 꼼짝 못 하게 만들어야 한다.

치명적인 결정타!

재빠르게 움직여 강력한 큰턱으로 제압한다!

유럽사슴벌레가 초대형 큰턱을 움직이자, 그 공격이 오히려 넓적사슴벌레의 투지에 불을 붙였다. 한순간의 틈을 타서 넓적사슴벌레가 상대의 몸통을 재빠르게 붙잡는다. 유럽사슴벌레는 힘 한번 제대로 써 보지 못하고 넓적사슴벌레의 강렬한 힘에 눌려서 패배했다.

공격 필살기

파괴력 있는 조르기 공격

넓적사슴벌레는 큰턱의 무는 힘이 상당히 강하다. 큰턱으로 상대를 움켜잡아 꼼짝 못 하게 만든다.

승자

넓적사슴벌레

몸집이 크고, 큰턱의 닿는 거리가 긴 유럽사슴벌레가 유리할 것이라는 주장이 있었다. 하지만 난폭한 성격으로 상대의 공격에 조금도 기죽지 않는 넓적사슴벌레가 승리했다.

34 35

① 배틀 장소와 배경에 대해 설명한다.

② 배틀 장면을 컴퓨터 그래픽(CG) 일러스트로 재현한다.

③ 승부를 가르는 클라이맥스 장면을 보여 준다.

④ 배틀에서 이긴 곤충들의 공격 필살기를 소개한다.

배틀 관전 포인트

배틀 곤충들이 자연에서 동종끼리 영역 다툼을 벌이거나, 암컷을 두고 싸울 때, 또는 다른 곤충이나 동물에게 표적이 되었을 때 보여 주는 공격이나 방어 행동을 기본으로 전투를 벌인다. 따라서 이 책의 배틀에서는 상대에게 치명상을 주는 공격뿐만 아니라 상대를 몰아내기 위한 행동도 승패로 이어질 수 있다.

생생 곤충 탐구 ①

곤충의 몸은 어떻게 구성되어 있을까?

전 세계에 서식하는 곤충은 무려 100만 종이 넘는다.
먼저 곤충의 몸이 어떻게 구성되어 있는지 알아보자.

충의 몸

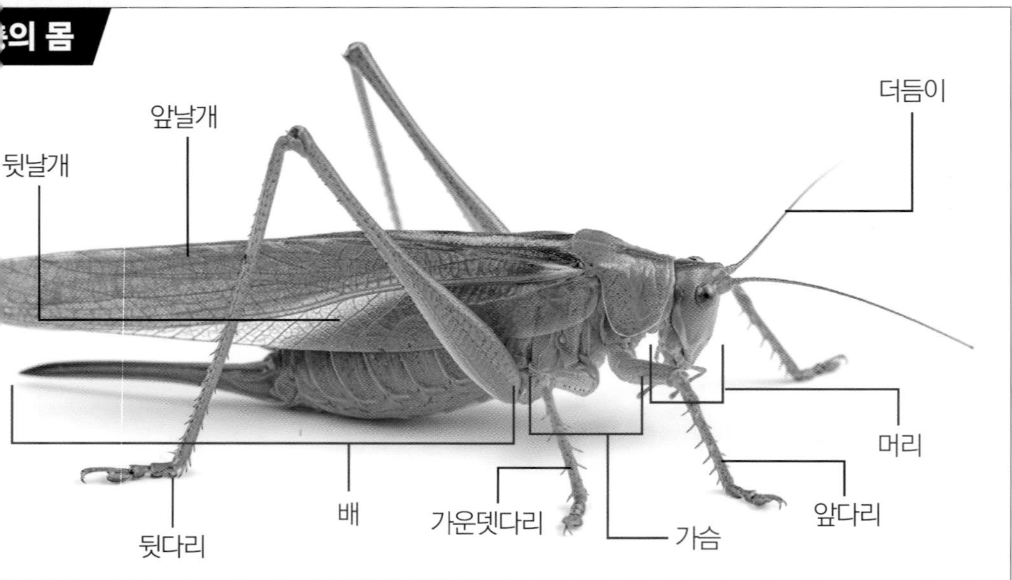

몸에는 딱딱한 껍데기와 더듬이가 있거나, 6개의 다리가 나 있는 등 종에 따라 각각 다른 특징이 있다. 몸의 구조는 모두 험난한 자연환경에서 살아남기 위해 진화된 것이다.

지 공통점

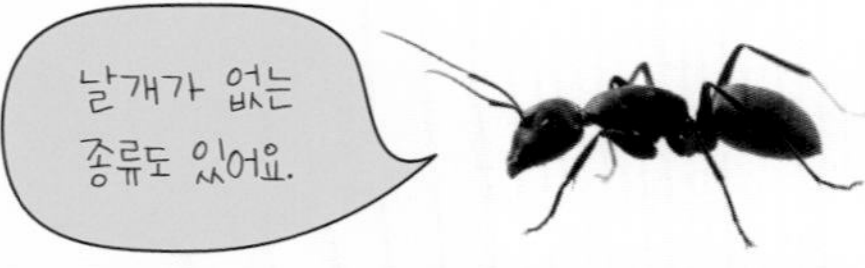

은 머리, 가슴, 배로 루어져 있다!

충의 몸은 머리, 가슴, 배가 의 마디로 연결된 구조이 몸길이란 이 3개의 부분을 한 길이를 말하며, 날개와 l 길이는 포함되어 있지 는. 다만, 이 책에서는 몸길 를 전체 길이로 나타낸다.

가슴에 6개의 다리가 나 있다!

곤충의 최대 특징인 6개의 다리에는 각각 마디가 있고, 모든 다리는 가슴에 나 있다.
다만, 다리 일부가 퇴화한 종, 유충(애벌레) 시절에는 다리가 1개도 없는 종 등 예외가 있다.

가슴에 4개의 날개가 달려 있다!

다리와 마찬가지로 모든 날개는 가슴에 달려 있으며 앞날개, 뒷날개라고 한다. 특정한 시기에만 날개가 나는 종, 날개가 2개만 나는 종, 평생 날개가 없는 종 등이 있다.

▶ **냄새와 움직임을 더듬이로 감지한다!**

곤충의 더듬이는 매우 민감한 감지기로, 공기의 작은 진동을 감지하여 적으로부터 몸을 보호한다. 냄새를 감지하는 역할도 하는데, 수컷은 암컷의 페로몬 냄새를 포착해서 멀리 있는 암컷을 찾아갈 수 있다.

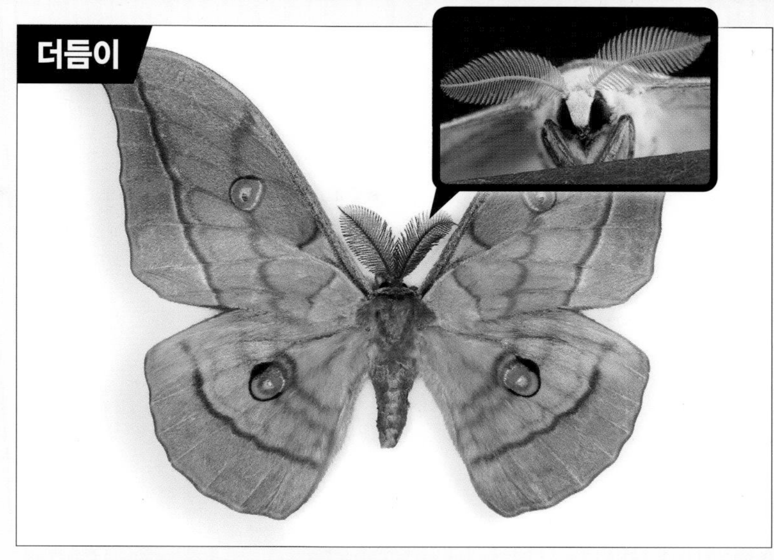

▶ **곤충의 눈은 시야가 넓다!**

곤충의 눈은 수많은 낱눈으로 이루어진 '겹눈' 구조로 되어 있다. 예를 들어 파리는 한쪽 겹눈에 무려 2,000개나 되는 낱눈이 모여 있다. 각각의 눈은 제각각의 상을 비추기 때문에 시야가 상당히 넓어서 먹이나 적의 움직임을 놓치지 않는다.

▶ **호흡은 기문에서 이루어진다!**

곤충의 몸 옆면을 관찰하면, '기문(숨구멍)'이라는 작은 구멍이 열려 있는 것을 볼 수 있다. 이 구멍에서 '기관'이라는 관을 통해 호흡한다. 기문을 보호하기 위해 주변에 털이 나 있는 종도 있다.

곤충은 모두 어디에서 살까?

곤충은 우리가 발견하기 쉬운 땅 위, 식물 위, 흙 속 등 다양한 장소에 살고 있다. 성장 과정에서 사는 곳을 바꾸는 곤충도 많다.

꽃이 피어 있는 곳이나 초원을 좋아하는 곤충, 나무 위를 좋아하는 곤충, 햇볕이 들지 않는 돌 밑을 좋아하는 곤충 등 육지 곳곳에 곤충이 살고 있다. 우리가 발견하기 쉬운 장소에도 곤충이 많으므로 집중해서 관찰하면 곤충을 발견할 수 있다.

▶땅속에 터널을 파서 살고 있다!

땅속에는 곤충의 유충과 개미, 땅강아지 등 많은 곤충이 살고 있다. 땅속에 터널을 파서 그곳을 거처로 삼고 있는 것이다. 땅속에는 죽은 식물이나 동물의 사체 등을 먹이로 삼는 작은 생물도 많이 서식하고 있어서 풍부한 생태계가 형성되어 있다.

▶물살이 완만한 장소에 서식한다!

물살이 세지 않은 강이나 연못 등에 많이 서식한다. 물속을 자유롭게 헤엄칠 수 있도록 다리 형태가 변화한 종, 성충(어른벌레)이 되면 육지에서 생활하게 되는 종도 있다. 성충은 기본적으로 아가미가 달려 있지 않기 때문에 공기를 마시러 가끔 수면으로 올라온다.

▶먹이를 찾아 하늘을 날아다닌다!

먹이를 찾기 위해 하늘을 날아다니는 곤충도 많다. 나비는 꽃의 꿀을 찾아서 화단이나 밭 위를 날아다니고, 잠자리는 자신보다 작은 벌레를 잡아먹기 위해 날아다닌다. 그중 낮 시간의 대부분을 날아다니는 종도 있다.

곤충의 먹이는 주로 2종류

▶식물을 먹는 유형, 생물을 먹는 유형

곤충은 먹이에 따라 크게 2가지 유형으로 나눌 수 있다. 식물의 잎이나 꽃의 꿀, 수액 등을 좋아하는 종이 있고, 자신보다 작은 생물을 먹거나 동물의 사체나 똥을 좋아하는 종이 있다. 또 무엇이든 먹는 잡식 유형도 존재한다.

성장하면서 모습이 바뀌는 곤충

유충에서 나비가 되거나, 잠자리가 되는 것처럼
곤충들은 유충에서 성충이 되면 모습이 바뀌는 종이 많다.
성장 과정에서 모습을 바꾸는 것을 '변태'라고 하며,
변태 방법에 따라 2가지 유형으로 분류할 수 있다.

번데기가 됐어요.

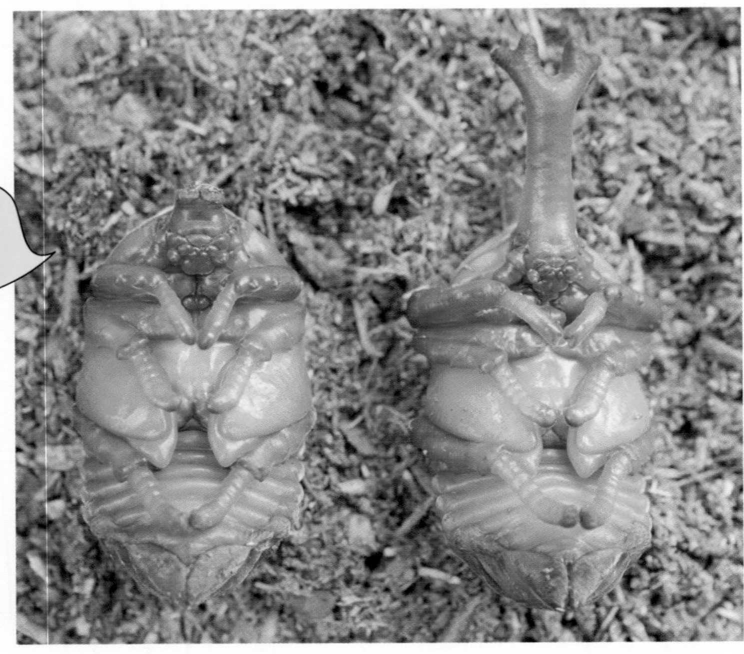

완전 변태 알에서 부화한 뒤, '유충 → 번데기 → 성충'의 순서로 성장하는 곤충을 말한다.

장수풍뎅이와 사슴벌레는 흙 속에서 유충과 번데기 과정을 거치고 성충이 되면 땅 위로 나온다. 그 외 나비와 벌, 무당벌레 등도 이 유형으로 분류된다. 이처럼 번데기를 경계로 모습이 완전히 바뀌는 곤충이 많다.

번데기가
되지 않아요.

불완전 변태

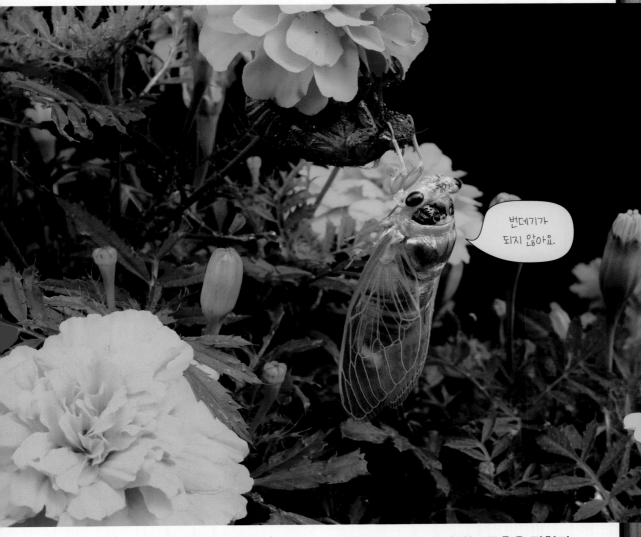

알에서 부화한 뒤, '유충 → 성충'의 순서로 성장하는 곤충을 말한다. 유충이 번데기가 되는 것이 아니라, 허물을 벗으며 탈피를 되풀이하면서 성충으로 성장하는 종도 많다.

메뚜기와 귀뚜라미 등이 이 유형으로 분류되며, 성장 과정에서 모습이 크게 변하지 않는 종이 많다. 다만, 매미나 잠자리처럼 유충과 성충이 전혀 다른 환경에서 사는 종은 모습이 크게 변하는 경우도 있다.

곤충류에 속하지 않는 벌레들

거미
황닷거미

전갈
자이언트블루전갈

협각류

곤충을 포함한 절지동물 중 턱이 없고, 입 앞쪽에 '협각'이라는 가위나 칼 같은 형태의 기관이 붙어 있는 유형이다. 이 협각으로 먹이를 잡아서 입으로 운반한다. 거미나 전갈 외에 투구게와 진드기도 이 유형으로 분류된다.

지네
왕지네

공벌레
공벌레

다족류

절지동물 중 몸마디가 많이 연결되어 있고, 가늘고 긴 몸통에 다리가 많은 유형이다. 그리마, 지네, 노래기 등이 다족류에 속한다. 주로 햇빛이 비치지 않는 돌 밑이나 낙엽 밑에 서식한다.

갑각류

겹눈과 턱을 가지고 있어 곤충에 가깝지만, 더듬이가 4개 있고 종마다 다양한 체형과 다리를 지녔다. 새우나 게 등 물속에 사는 종이 가장 많지만, 공벌레나 쥐며느리처럼 땅 위에 사는 종도 있다.

초강력 곤충왕 대도감

딱정벌레목 ①

국내외에 서식하는 사슴벌레

가위처럼 생긴 큰턱이 멋진 사슴벌레.
곤충계에서 유명한 스타이다.

유럽에 서식하는 헤비급 파이터

유럽사슴벌레

배틀 출전!

배틀 상대

넓적사슴벌레

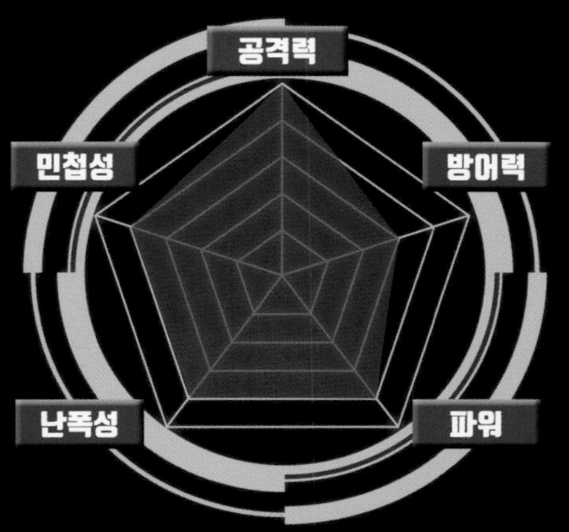

유럽에 서식하는 대표적인 사슴벌레로, 유럽 최대의 사슴벌레이다. 우리나라에서 가장 큰 넓적사슴벌레보다 큰 몸을 가졌으며, 개체에 따라서는 전체 길이가 90mm나 자라는 대형 사슴벌레도 있다. 유럽 전역에 걸쳐 분포하며, 대부분 활엽수 수액에 모여든다.

분류	딱정벌레목 〉 사슴벌렛과
먹이	밤나무류, 졸참나무류 등의 활엽수 수액
사는 곳	밤나무류, 졸참나무류 등의 활엽수
특징	초대형 큰턱
전체 길이	45 ~ 90mm

분포 지역 유럽

강력한 공격 필살기

사슴의 뿔처럼 생긴 초대형 큰턱으로 공격한다!

몸집이 크기 때문에 큰턱('집게'로도 불리는 부분)도 크다. 좌우로 튀어나온 큰턱은 사슴의 뿔처럼 생겨 전투에서 강력한 무기가 된다. 옻나무 같은 붉은빛을 가진 유럽사슴벌레는 큰턱으로 상대를 단단히 붙잡아 움직이지 못하게 한다. 상대를 높이 들어 올려 내던지는 것이 주특기이다.

밝은 앞날개가 매력적인 사슴벌레

브루마이스터멋쟁이사슴벌레

멋쟁이사슴벌레속 중 최대 크기를 자랑한다. 흰색을 띤 갈색의 앞날개가 멋스러워 눈을 사로잡는다. 인도에 서식하며, 사육하기 쉬워서 사람들에게 인기 있는 사슴벌레이다.

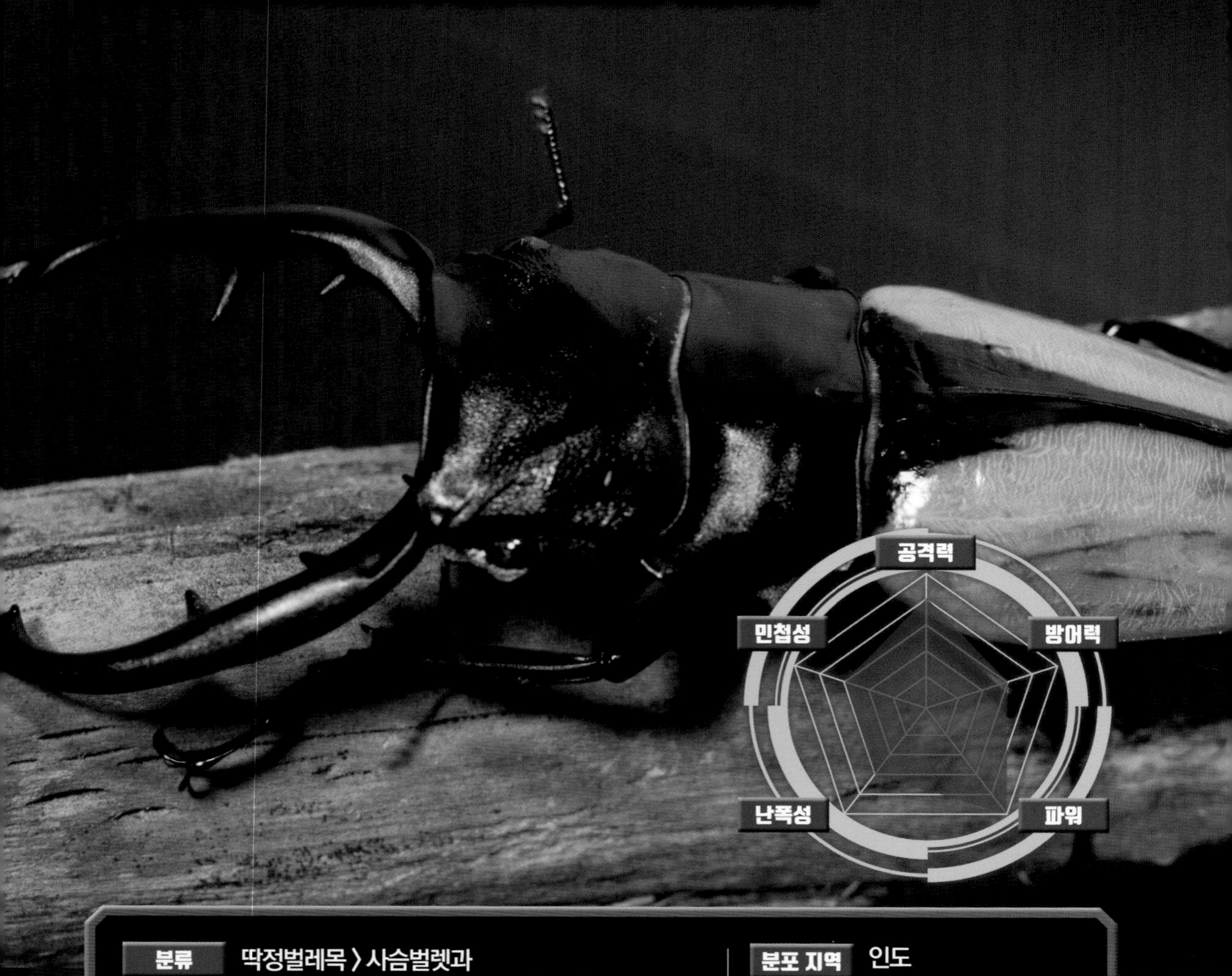

공격력
방어력
파워
난폭성
민첩성

분류	딱정벌레목 〉 사슴벌렛과
먹이	크립테로니아과의 수액
사는 곳	열대 우림
특징	밝은색의 앞날개
전체 길이	45 ~ 105mm

분포 지역 인도

Hexarthrius rhinoceros

코뿔소를 연상시키는 특공대장

리노세로스큰턱사슴벌레

리노세로스(rhinoceros)는 동물 '코뿔소'를 의미한다. 이름처럼 머리에는 코뿔소 같은 멋진 뿔(머리 방패)이 있다. 특히 수컷은 기질이 거칠어서 공격적인 성격을 보이는 것이 특징이다.

분류	딱정벌레목 〉 사슴벌렛과
먹이	수액
사는 곳	열대 우림
특징	큰 머리 방패(머리 중앙의 뿔처럼 생긴 돌기)
전체 길이	60 ~ 102mm

분포 지역 인도네시아

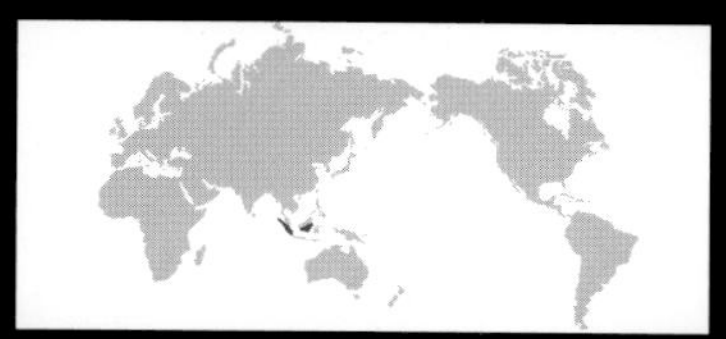

몸집이 큰 난폭꾼

만디블라리스큰턱사슴벌레

큰턱사슴벌레속 중 몸집이 가장 크다. 큰 몸에 걸맞은 긴 큰턱이 특징이며, 큰턱의 힘이 상당히 강하다. 상대의 움직임을 민감하게 알아차리고 재빨리 공격을 가하는 전투 자세를 취한다.

공격력
방어력
파워
난폭성
민첩성

분류	딱정벌레목 〉 사슴벌렛과
먹이	수액
사는 곳	활엽수림
특징	길게 뻗은 큰턱
전체 길이	49 ~ 118mm

분포 지역 수마트라섬, 보르네오섬

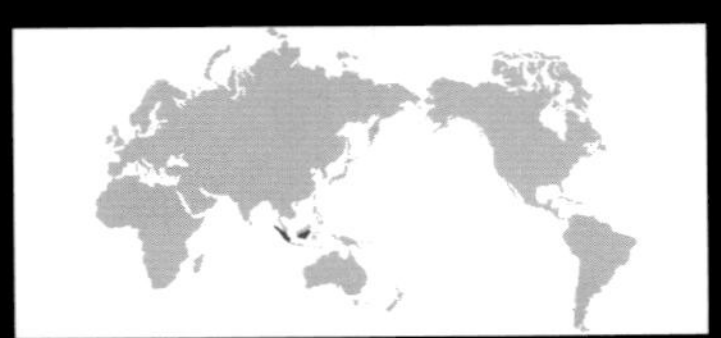

광택이 아름다운 멋쟁이

메탈리퍼가위사슴벌레

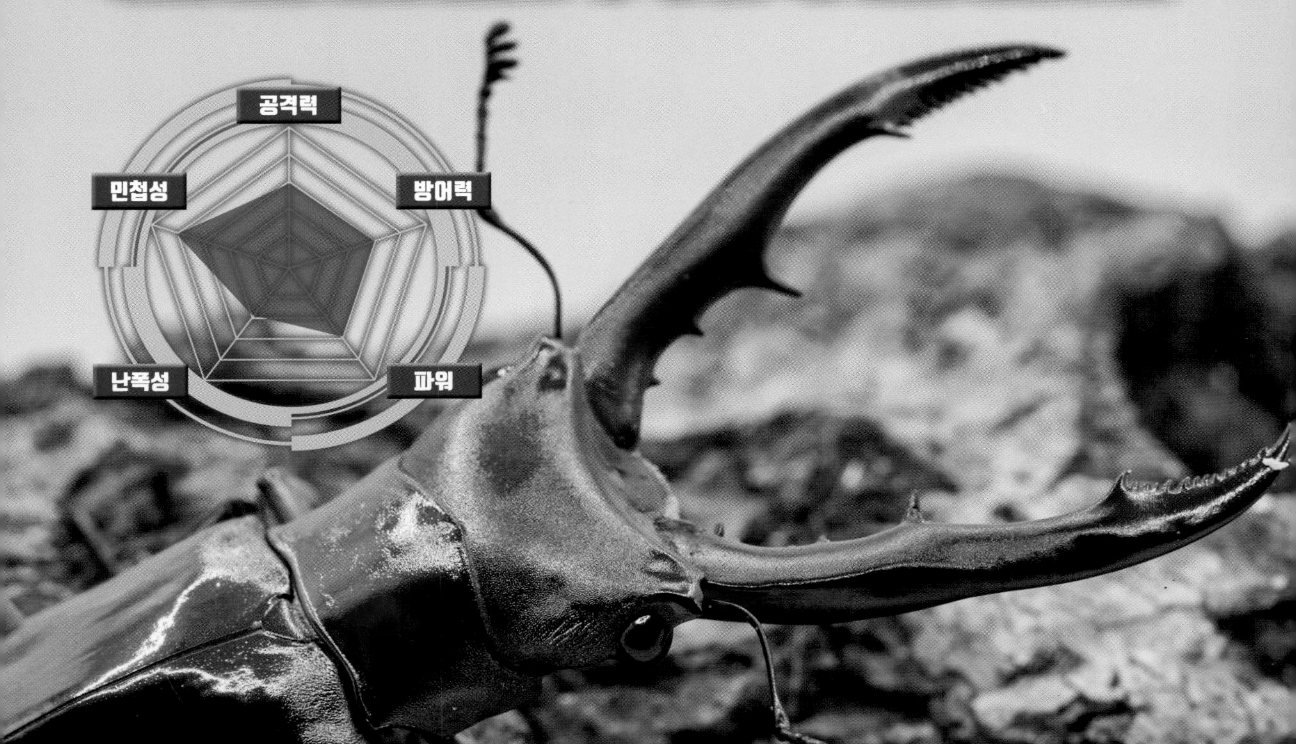

공격력
방어력
파워
난폭성
민첩성

이름으로 상상할 수 있듯이 몸 표면 전체가 금속광택을 띠고 있는 점이 매력적이다. 수컷 중에서도 큰 개체는 큰턱이 몸보다 길고 크게 성장하기도 한다. 다른 곳에서는 찾아볼 수 없는 색과 형태에 매력을 느끼는 사람이 많다.

분류	딱정벌레목 〉 사슴벌렛과
먹이	수액
사는 곳	삼림
특징	금속광택의 몸체
전체 길이	26 ~ 100mm

분포 지역 인도네시아 술라웨시섬

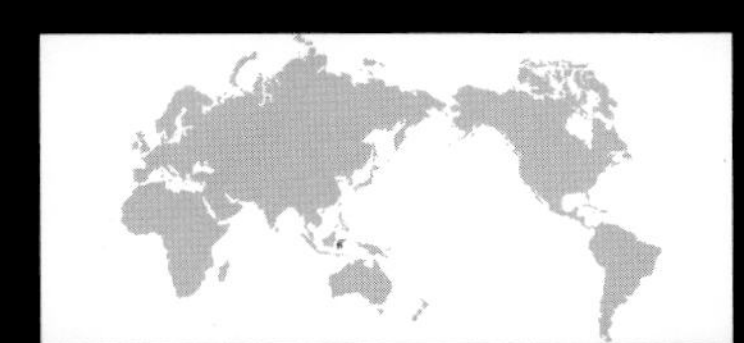

난폭하기로 유명한 싸움의 왕

넓적사슴벌레

배틀 출전!

배틀 상대

유럽사슴벌레

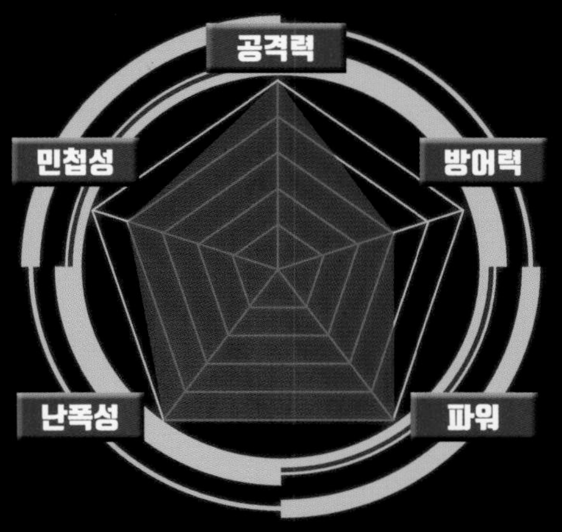

우리나라에서 가장 많이 볼 수 있는 사슴벌레 중 하나이며, 몸집이 가장 크다. '넓적'이라는 이름은 다른 사슴벌레에 비해 몸이 유난히 납작하고 평평해서 붙여졌다. 사나운 성격으로 건들기만 해도 물려고 공격 자세를 취한다.

분류	딱정벌레목 〉 사슴벌렛과
먹이	수액
사는 곳	잡목림
특징	공격적인 기질
전체 길이	30 ~ 74mm

분포 지역 한국, 일본, 대만, 중국 등

강력한 공격 필살기

상대를 사정없이 공격하는 거친 성격이 매우 위협적이다!

역시 최대 무기는 큰턱이다. 수컷의 큰턱에는 톱 모양의 작고 큰 이빨들이 잘 발달해 있다. 또 무는 힘도 매우 강력하다. 수컷과 암컷을 함께 기르면, 암컷이 목숨을 잃을 수 있을 만큼 수컷의 기질은 몹시 사납다. 강력한 큰턱뿐만 아니라 거친 성격도 넓적사슴벌레의 무기라고 할 수 있다.

예술적으로 굽은 큰턱

크레나투스굽은턱사슴벌레

사슴의 뿔처럼 부드럽게 구부러진 큰턱을 가지고 있다. 굽은턱사슴벌레속 중 비교적 작은 종이며, 온화한 성격이다. 반면 신경질적인 면도 있으므로 다루는 데 주의가 필요하다.

공격력
방어력
파워
난폭성
민첩성

분류	딱정벌레목 〉 사슴벌렛과
먹이	수액
사는 곳	산지
특징	사슴의 뿔처럼 생긴 큰턱
전체 길이	25 ~ 57mm

분포 지역 대만

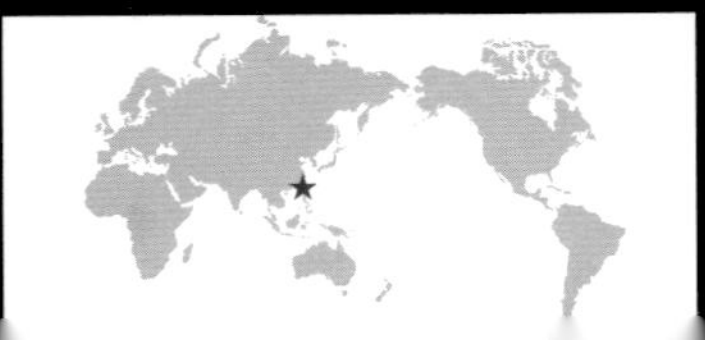

우락부락하게 생긴 사슴벌레

패리큰턱사슴벌레

공격력
방어력
파워
난폭성
민첩성

앞날개의 일부에 붉은 무늬가 있는 것이 특징이다. 기질은 사나운 편이며, 굵고 짧은 큰턱을 이용해 물고 늘어지는 힘이 강력하다. 겉모습으로 짐작할 수 있듯이 공격성이 매우 강하다.

분류	딱정벌레목 〉 사슴벌렛과
먹이	라탄의 수액
사는 곳	삼림
특징	굵고 짧은 큰턱
전체 길이	52 ~ 94mm

분포 지역 수마트라섬, 말레이반도, 인도, 미얀마, 태국

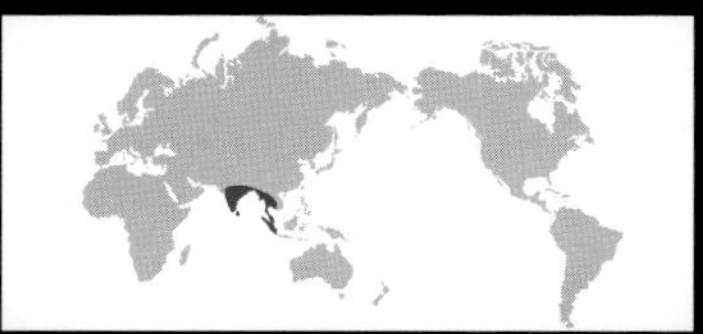

톱처럼 생긴 긴 큰턱이 필살의 무기

기라파톱사슴벌레

배틀 상대
유럽사슴벌레 또는
넓적사슴벌레

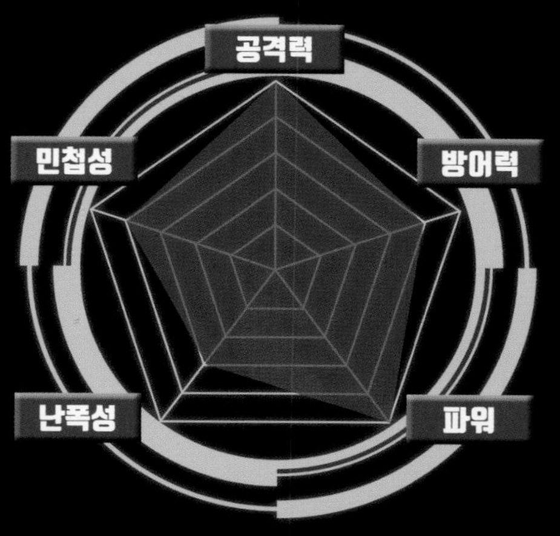

전체 길이가 100mm에 달하는 세계에서 가장 긴 톱사슴벌레이다. 이름의 '기라파(giraffa)'는 라틴어로 '기린'이라는 뜻이다. 긴 큰턱을 기린의 목에 비유해서 붙여진 이름이다. 필리핀, 인도네시아, 태국 등의 동남아시아에 서식한다.

분류	딱정벌레목 〉 사슴벌렛과
먹이	수액
사는 곳	열대 우림
특징	날카롭고 긴 큰턱
전체 길이	52 ~ 118mm

분포 지역 인도, 말레이반도, 태국, 인도네시아, 필리핀

강력한 공격 필살기

길고 날카로운 큰턱으로 상대의 몸에 구멍을 뚫는다!

기린의 긴 목에 비유되는 큰턱은 전체 길이의 절반을 차지할 정도로 길게 발달해 있다. 큰턱의 안쪽에 날카롭게 튀어나온 큰 이빨이 특징이다. 공격할 때 이 큰턱으로 상대를 꼼짝 못 하게 붙잡기 때문에 딱딱한 딱정벌레의 몸에 구멍이 뚫리기도 한다. 성격이 사납고 매우 공격적이어서 쉬운 배틀 상대는 아니다.

난폭해서 통제를 할 수 없는 전투왕

팔라완왕넓적사슴벌레

세계 최대의 넓적사슴벌레로, 지금까지 가장 큰 개체가 전체 길이 115.3mm로 기록되어 있다. 탄탄한 몸과 직선으로 된 큰턱이 세련되고 멋있다. 상당히 난폭하므로 조심하지 않으면 바로 습격당한다.

공격력
민첩성
방어력
난폭성
파워

분류	딱정벌레목 〉 사슴벌렛과
먹이	수액
사는 곳	열대 우림
특징	직선인 큰턱
전체 길이	32 ~ 110mm

분포 지역 필리핀의 팔라완섬

날렵하게 생긴 멋쟁이

달마니멋쟁이사슴벌레

공격력
방어력
파워
난폭성
민첩성

검은색을 띠는 몸에서 윤기가 나며, 금빛의 작은 털이 나 있는 개체도 있다. 큰턱은 크게 자라지 않지만, 날렵한 형태가 아름답다. 가슴 옆면이 톱니처럼 들쭉날쭉한 게 특징이다.

분류	딱정벌레목 〉 사슴벌렛과
먹이	수액
사는 곳	열대 우림
특징	들쭉날쭉한 가슴 옆면
전체 길이	39 ~ 107mm

분포 지역 필리핀, 미얀마, 말레이시아, 인도네시아

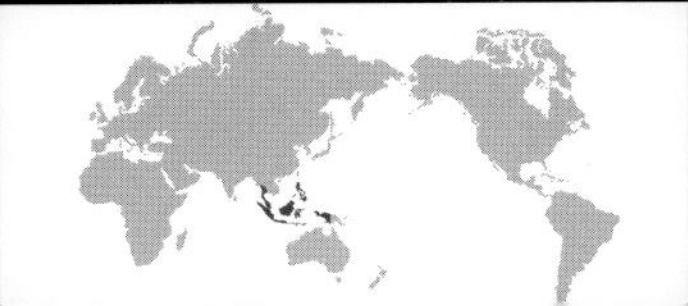

독특하게 생긴! 사슴벌레

그란티남미사슴벌레

남아메리카에 서식하는 종으로, 큰턱이 상당히 길게 뻗어 있다. 빛이 닿는 정도나 보는 각도에 따라서 몸이 빨갛게도 보이고 녹색으로도 보이는 것이 매우 신기하다. 어디서도 볼 수 없는 독특한 생김새를 가지고 있어서 보고 있어도 질리지 않는 사슴벌레이다.

분류	딱정벌레목 〉 사슴벌렛과
먹이	수액
사는 곳	노토파구스속의 숲
특징	희귀한 체형
전체 길이	33 ~ 90mm

분포 지역 칠레, 아르헨티나

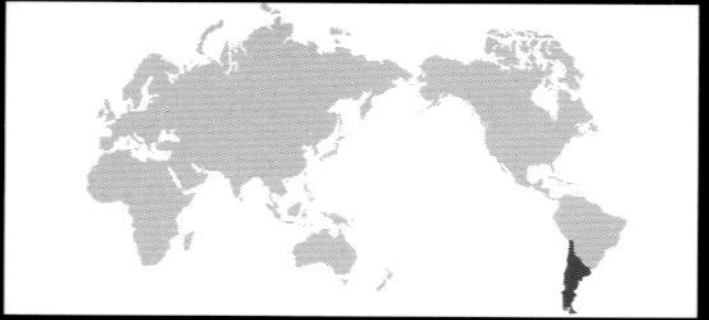

초강력 곤충 최강왕 결정전

사슴벌레 대표 결정전

사슴벌레 대표
준결승전 진출!

제2시합
36쪽

제1시합
34쪽

유럽사슴벌레

넓적사슴벌레

기라파톱사슴벌레

사슴벌레 대표 결정전에는 강력한 큰턱을 자랑하는 선수들이 선발됐다. 사슴의 뿔처럼 생긴 초대형 큰턱을 가진 유럽사슴벌레, 싸움을 좋아하고 큰턱의 무는 힘이 강한 넓적사슴벌레, 기린의 목에 비유될 정도로 긴 큰턱을 가진 기라파톱사슴벌레. 그들은 배틀에서 공격 무기인 큰턱을 어떤 방식으로 사용할까? 사슴벌레 최강왕 결정전이 드디어 시작된다.

유럽사슴벌레 VS 넓적사슴벌레

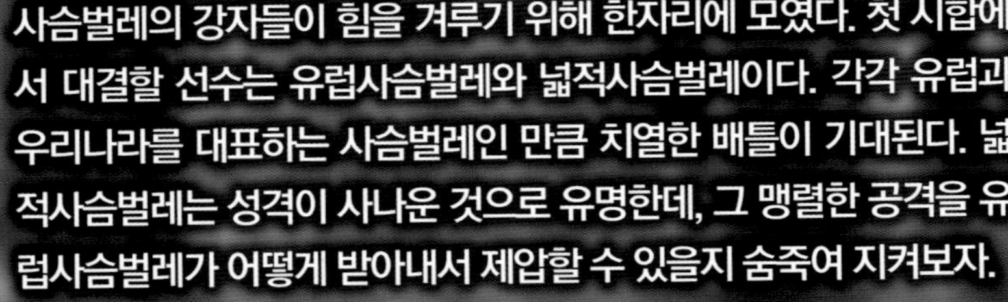
사슴벌레의 강자들이 힘을 겨루기 위해 한자리에 모였다. 첫 시합에서 대결할 선수는 유럽사슴벌레와 넓적사슴벌레이다. 각각 유럽과 우리나라를 대표하는 사슴벌레인 만큼 치열한 배틀이 기대된다. 넓적사슴벌레는 성격이 사나운 것으로 유명한데, 그 맹렬한 공격을 유럽사슴벌레가 어떻게 받아내서 제압할 수 있을지 숨죽여 지켜보자.

격렬하게 움직이는 큰턱!

배틀 시작!

붉은 큰턱과 검은 큰턱이 상대를 겨냥한다!

나뭇가지 위에서 서로 노려보는 유럽사슴벌레와 넓적사슴벌레. 유럽사슴벌레는 붉은 큰턱을 치켜들고, 넓적사슴벌레는 검은 큰턱을 치켜세운다. 두 선수 모두 싸움에 대한 투지가 불타오른다.

두 선수 모두 '딱딱' 소리를 내며 격렬하게 큰턱을 벌렸다 닫았다 한다. 어느 한쪽이 움직이기 시작하자, 두 선수가 단숨에 거리를 좁힌다. 큰턱을 사용해서 상대의 몸통을 붙잡아 꼼짝 못 하게 만들어야 한다.

치명적인 결정타!

재빠르게 움직여 강력한 큰턱으로 제압한다!

유럽사슴벌레가 초대형 큰턱을 움직이자, 그 공격이 오히려 넓적사슴벌레의 투지에 불을 붙였다. 한순간의 틈을 타서 넓적사슴벌레가 상대의 몸통을 재빠르게 붙잡는다. 유럽사슴벌레는 힘 한번 제대로 써 보지 못하고 넓적사슴벌레의 강력한 힘에 눌려서 패배했다.

공격 필살기

파괴력 있는 조르기 공격

넓적사슴벌레는 큰턱의 무는 힘이 상당히 강하다. 큰턱으로 상대를 움켜잡아 꼼짝 못 하게 만든다.

승자

넓적사슴벌레

몸집이 크고, 큰턱의 닿는 거리가 긴 유럽사슴벌레가 유리할 것이라는 주장이 있었다. 하지만 난폭한 성격으로 상대의 공격에 조금도 기죽지 않는 넓적사슴벌레가 승리했다.

기라파톱사슴벌레 VS 넓적사슴벌레

첫 시합을 이기고 올라온 넓적사슴벌레와 *시드권을 획득한 기라파톱사슴벌레의 배틀이 시작된다. 이전 배틀에서 넓적사슴벌레는 난폭한 성격으로 격렬한 싸움을 보여 주었다. 하지만 그 앞을 가로막는 기라파톱사슴벌레는 초대형 크기의 몸집까지 갖추었다. 자연계에서 몸의 크기는 강력한 무기가 된다. 과연 이번 배틀에서는 넓적사슴벌레가 어떻게 전투를 치를지 지켜보자.

*시드권: 토너먼트 경기에서 대진표를 만들 때, 처음부터 우승권에 있는 선수들끼리 맞붙는 것을 피하기 위해 특정 선수에게 부여하는 우선권.

큰턱을 벌리며 상대를 위협한다!

나뭇가지 위에 가만히 있는 넓적사슴벌레와 기라파톱사슴벌레. 양쪽 모두 큰턱을 크게 벌리고 상대를 위협하고 있다. 특히 넓적사슴벌레는 흥분했는지 당장이라도 상대에게 덤벼들 것 같다.

마주 보고 있는 두 선수 중 기라파톱사슴벌레의 크기가 눈에 띈다. 기라파톱사슴벌레가 박력 있게 긴 큰턱을 벌렸지만, 넓적사슴벌레는 전혀 기죽지 않고 일직선으로 돌진한다.

큰턱의 닿는 거리가 싸움의 승패를 좌우한다!

치명적인 결정타!

넓적사슴벌레가 기라파톱사슴벌레의 큰턱을 피하면서 몸 전체로 부딪치며 싸우려고 했지만, 긴 큰턱에 먼저 잡혀 버렸다. 기라파톱사슴벌레는 넓적사슴벌레를 경기장 밖으로 내던졌다.

공격 필살기

길쭉한 큰턱으로 날려 버리기

기라파톱사슴벌레가 큰턱으로 날려 버리

승자

기라파톱사슴벌레

큰턱의 닿는 거리 차이로 승패가 결정되었다. 넓적사슴벌레는 기라파톱사슴벌레의 긴 큰턱에 막혀서 공격하지 못하고, 경기장 밖으로 내던져지는 수모를 겪었다. 넓적사슴벌레의 완패라고 할 수 있다.

큰턱을 가진 매력적인 사슴벌레들

사슴벌레는 전 세계적으로 약 900여 종이 있다.
색이나 형태가 특징적인 사슴벌레를 더 알아보자.

황금빛으로 빛나는

▶로젠버기황금귀신사슴벌레(Allotopus rosenbergi)

분류: 딱정벌레목 > 사슴벌렛과 / 전체 길이: 42~82mm / 먹이: 수액

황금빛을 띠는 사슴벌레이다. 몸이 습해지면 거무스름한 색으로 변하고, 건조해질수록 황금빛이 된다.

세상에서 가장 아름다운

뮤엘러리사슴벌레(Phalacrognathus muelleri)◀

분류: 딱정벌레목 > 사슴벌렛과 / 전체 길이: 40~70mm / 먹이: 수액

녹색을 기본으로 하는 금속성 광택이 아름답다. 빛이 닿는 정도에 따라 여러 가지 색으로 빛이 난다. 뒤로 젖혀진 모양의 큰턱으로 상대를 쓰러뜨린다.

밝고 아름다운 색을 가진

▶멜리가면사슴벌레(Homoderus mellyi)

분류: 딱정벌레목 > 사슴벌렛과 / 전체 길이: 20~55mm / 먹이: 수액

아프리카 중부와 서부에 서식하는 사슴벌레로, 밝은색의 몸이 눈에 띈다. 수컷의 머리에는 돌출 부분이 있어 전투할 때 상대를 밀어내거나 공격을 방어하는 역할을 한다.

독특한 움직임으로 위협하는

타란두스광사슴벌레(Mesotopus tarandus)◀

분류: 딱정벌레목 > 사슴벌렛과 / 전체 길이: 36~93mm / 먹이: 수액

상대를 위협할 때 머리를 진동시켜 머리와 가슴을 부딪치게 해서 소리를 내는 독특한 움직임을 보인다. 몸은 새까맣고 광택이 매우 강하다.

멋스러운 얼룩말 무늬를 가진

▶ 제브라톱사슴벌레(Prosopocoilus zebra)

분류: 딱정벌레목 > 사슴벌렛과 / 전체 길이: 21~60mm / 먹이: 수액

얼룩말 무늬를 닮은 검정과 주황색의 줄무늬 모양이 특징이다. 말레이반도, 필리핀, 미얀마, 인도네시아 등 동남아시아에 널리 서식한다.

좌우 큰턱이 다르게 생긴

가젤라멋쟁이사슴벌레(Odontolabis gazella) ◀

분류: 딱정벌레목 > 사슴벌렛과 / 전체 길이: 37~64mm / 먹이: 수액

태국, 말레이시아, 인도네시아에 서식하는 사슴벌레이다. 큰턱이 좌우 비대칭인 아주 희귀한 모습을 하고 있다.

몸집이 작고 귀여운

▶ 애사슴벌레(Dorcus rectus)

분류: 딱정벌레목 > 사슴벌렛과 / 전체 길이: 38~58mm / 먹이: 활엽수의 수액

애사슴벌레는 광택이 적은 검은색이며, 사슴벌레 중에서 몸집이 작은 편이다. 분포 지역이 넓어 어디에서나 쉽게 찾을 수 있다.

시원한 산간 지역에 사는

미야마사슴벌레(Lucanus maculifemoratus) ◀

분류: 딱정벌레목 > 사슴벌렛과 / 전체 길이: 27~78mm / 먹이: 활엽수의 수액

머리에 귀 모양의 돌기가 있다. 더위에 약해서 시원한 환경을 좋아하므로 산간 지역에 많이 서식한다.

다양한 몸 색깔을 가진

▶ 람프리마색사슴벌레(Lamprima adolphinae)

분류: 딱정벌레목 > 사슴벌렛과 / 전체 길이: 20~54mm / 먹이: 수액

뉴기니섬에 서식하는 사슴벌레이다. 금색, 녹색, 파란색, 보라색 등 개체에 따라 색깔이 다양하며 색이 선명하다.

장수풍뎅이처럼 보이는

실린드리쿰장수사슴벌레(Sinodendron cylindricum) ◀

분류: 딱정벌레목 > 사슴벌렛과 / 전체 길이: 13mm / 먹이: 수액

사슴벌레인데 큰턱이 없고, 그 대신 장수풍뎅이 같은 뿔을 가지고 있다. 두꺼운 몸이 특징이며, 몸집이 비교적 작은 편이다.

종에 따라 다른 사슴벌레의 수명

사슴벌레는 종에 따라서 수명에 큰 차이가 있다.
사슴벌레의 수명이 다른 이유를 알아보자.

넓적사슴벌레

수명 약 3년

왕사슴벌레

수명 약 4년

애사슴벌레

수명 약 3년

톱사슴벌레

수명 약 3개월

사슴벌레의 수명이란, 성충이 되어 땅 위에서 활동하기 시작한 후부터 죽을 때까지의 기간을 말한다. 사슴벌레는 여름에 산란한 알이 부화해서 땅속에서 번데기가 된 후 성충이 되어 땅 위에서 활동기를 맞이한다. 이때 수명의 길이와 관련되는 것이 '월동'이다. 애초에 겨울을 넘기지 못하는 종은 본격적으로 추워지기 전에 수명이 다하기 때문에 수명이 짧다. 겨울을 넘기는 종은 나무의 갈라진 틈이나 쓰러진 나무 안에서 날이 따뜻해지기를 기다리기 때문에 수명이 길다.

초강력 곤충왕 대도감

딱정벌레목 ②

국내외에 서식하는 장수풍뎅이

멋지고 강한 곤충을 대표하는 장수풍뎅이.
그 당당한 모습은 '곤충계의 왕'이라고 불릴 만하다.

일본이 자랑하는 곤충의 왕

야마토장수풍뎅이

배틀 상대

코카서스왕장수풍뎅이

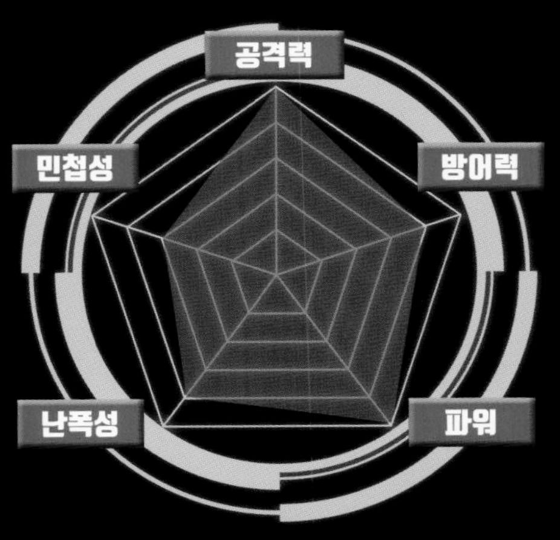

일본의 곤충을 대표하는 존재로 일본 최강의 딱정벌레이며 '곤충의 왕'으로 불리기도 한다. 동아시아와 동남아시아에도 분포되어 있지만, 일본에 서식하는 수가 가장 많은 것으로 보인다. 사육하기 쉽고 번식 방법이 간단해서 초보자가 기르는 경우가 많다.

분류	풍뎅잇과 〉 장수풍뎅이아과
먹이	상수리나무, 졸참나무, 녹나무, 밤나무 등의 수액
사는 곳	마을 근처의 산
특징	뿔을 사용한 전법
전체 길이	30 ~ 53mm

분포 지역 일본, 동아시아, 동남아시아

강력한 공격 필살기

뿔을 사용한 *메치기 기술로 싸움에서 승리한다!

수컷 장수풍뎅이의 주특기는 뿔의 끝을 상대의 몸 아래쪽으로 집어넣어 상대를 들어 올려 내던지는 것이다. 따라서 몸집이 크고 뿔이 긴 개체가 싸움에서 유리하다. 하지만 대형 수컷은 눈에 잘 띄기 때문에 새 등의 천적의 눈에 띄어 잡아먹히기 쉽다는 약점이 있다. 생존 경쟁이라는 점에서는 작은 수컷이 유리한 측면도 있는 것이다.

뿔로 밀어서 이기는 파워형

남방장수풍뎅이

리노세로스큰턱사슴벌레(21쪽)와 마찬가지로 코뿔소 같은 뿔을 가지고 있어 '아시아코뿔소장수풍뎅이'라고도 불린다. 야자류와 사탕수수를 즐겨 먹기 때문에 식물의 해충으로도 알려져 있다.

공격력
방어력
파워
난폭성
민첩성

분류	풍뎅잇과 〉 장수풍뎅이아과
먹이	야자나무류, 사탕수수
사는 곳	땅 위
특징	코뿔소 같은 뿔
전체 길이	33 ~ 53mm

분포 지역 중국, 일본, 동남아시아

세계에서 두 번째로 큰 장수풍뎅이

넵튠왕장수풍뎅이

공격력
방어력
파워
난폭성
민첩성

몸집이 가장 큰 헤라클레스왕장수풍뎅이 다음으로 전체 길이가 긴 장수풍뎅이다. 뿔의 길이가 뿔을 제외한 전체 길이보다 길다. 가슴에서 길게 뻗은 1개의 뿔이 있고, 그 아래에 2개의 작은 뿔이 나 있다. 로마 신화에 나오는 바다의 신 '넵투누스(영어 이름: 넵튠)'에서 이름을 따왔다.

분류	풍뎅잇과 〉 장수풍뎅이아과
먹이	수액, 썩은 과일
사는 곳	열대 우림
특징	3개의 가슴뿔
전체 길이	55 ~ 160mm

분포 지역 중앙아메리카

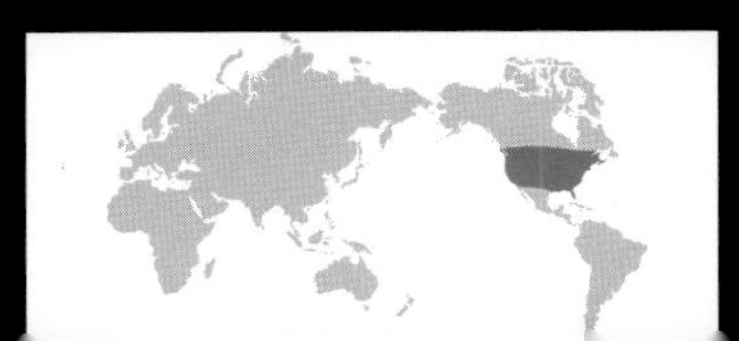

거만하고 강압적인 전투사

모엘렌캄피장수풍뎅이

공격력
방어력
파워
난폭성
민첩성

가슴에서 쭉 뻗은 2개의 뿔이 있다. 머리에 있는 1개의 뿔이 매우 길게 자라서 2개의 가슴뿔과 만나는 형태가 되기도 한다. 또 몸의 폭이 좁은 것도 다른 종과 구분하기 쉬운 특징이다. 수컷과 암컷 모두 싸우려는 기질이 강해서 공동생활에는 적합하지 않다.

분류	풍뎅잇과 〉 장수풍뎅이아과
먹이	라탄 또는 콩과 식물의 수액
사는 곳	해발 1,000m 이상의 산지
특징	길게 뻗은 2개의 가슴뿔
전체 길이	50 ~ 112mm

분포 지역 보르네오섬

뿔에 어울리지 않는 온화한 성격

오각뿔장수풍뎅이

머리에 길쭉한 뿔 1개, 가슴에 짧은 뿔 4개로 총 5개의 뿔을 가지고 있어서 '오각뿔장수풍뎅이'라는 이름이 붙여졌다. 짙은 크림색의 앞날개가 인상적이다. 성격이 온화한 편으로 싸움을 잘 걸지 않는다.

공격력 / 방어력 / 파워 / 난폭성 / 민첩성

분류	풍뎅잇과 〉 장수풍뎅이아과
먹이	대나무의 수액
사는 곳	대나무 숲
특징	5개의 뿔
전체 길이	45 ~ 86mm

분포 지역 중국, 인도, 미얀마, 말레이시아, 태국

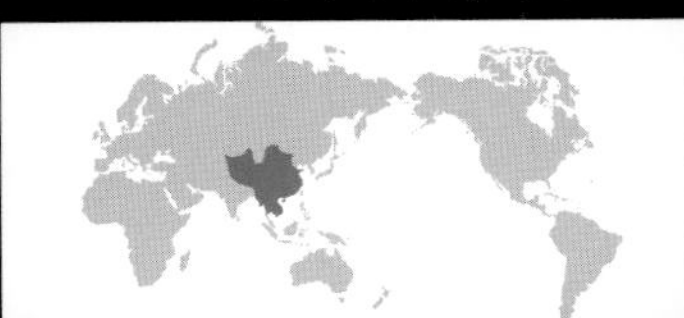

몸집이 가장 큰 장수풍뎅이의 왕

헤라클레스왕장수풍뎅이

배틀 상대

야마토장수풍뎅이 또는 코카서스왕장수풍뎅이

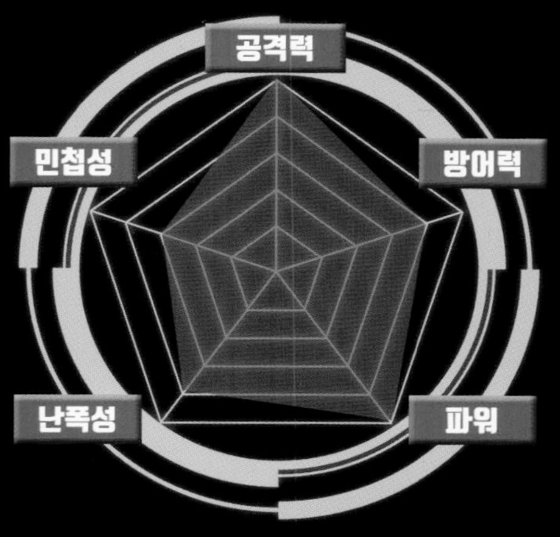

헤라클레스왕장수풍뎅이는 세계에서 몸집이 가장 큰 장수풍뎅이다. '장수풍뎅이의 왕'으로 불리기도 하며 곤충을 좋아하는 사람들 사이에서 인기가 많다. 이름은 그리스 신화의 영웅 '헤라클레스'에서 유래했다. 평소에는 온순하지만, 싸워야 할 일이 벌어지면 난폭해진다.

분류	풍뎅잇과 〉 장수풍뎅이아과
먹이	활엽수림의 수액
사는 곳	해발 고도가 높은 산림 지대
특징	세계에서 가장 긴 몸
전체 길이	57 ~ 176mm
분포 지역	중앙아메리카, 남아메리카

강력한 공격 필살기

장수풍뎅이 중 가장 큰 몸집과 긴 뿔이 강력한 무기이다!

헤라클레스왕장수풍뎅이의 수컷은 길게 뻗은 큰 가슴뿔이 특징이다. 가장 큰 개체는 180mm나 되며, 큰 뿔과 큰 몸집을 사용해서 상대를 던져 버린다. 그리스 신화에서 최강의 존재인 '헤라클레스'의 이름을 따왔으며, 헤라클레스왕장수풍뎅이도 최강의 장수풍뎅이로 평가되고 있다.

모든 것을 쓰러뜨리는 거인

아틀라스장수풍뎅이

아틀라스장수풍뎅이의 이름은 그리스 신화에 등장하는 거인 '아틀라스'에서 유래했다. 상당히 공격적인 성격으로 항상 누군가와 싸우고 있다. 앞날개에는 광택이 있고, 기본적으로는 검은색이지만 빛이 닿는 정도에 따라 다른 색으로도 보인다.

공격력
방어력
파워
난폭성
민첩성

분류	풍뎅잇과 〉 장수풍뎅이아과
먹이	수액
사는 곳	열대 우림
특징	앞날개의 광택
전체 길이	42 ~ 108mm

분포 지역 인도, 필리핀, 인도네시아

엄청난 전투력을 가진 싸움의 화신

마르스코끼리장수풍뎅이

공격력
민첩성
방어력
난폭성
파워

로마 신화에 나오는 전쟁의 신 '마르스'의 이름에 걸맞게 육중한 몸은 공격을 받아도 끄떡없다. 힘도 강해서 그야말로 싸움의 화신이라고 할 수 있다. 비교적 온순한 코끼리장수풍뎅이들과 달리, 마르스코끼리장수풍뎅이는 성격이 난폭한 편이다.

분류	풍뎅잇과 〉 장수풍뎅이아과
먹이	수액
사는 곳	열대 우림
특징	묵직함이 느껴지는 몸집
전체 길이	65 ~ 125mm

분포 지역 중앙아메리카, 남아메리카

세계에서 가장 난폭한 장수풍뎅이

코카서스왕장수풍뎅이

배틀 출전!

배틀 상대

야마토장수풍뎅이

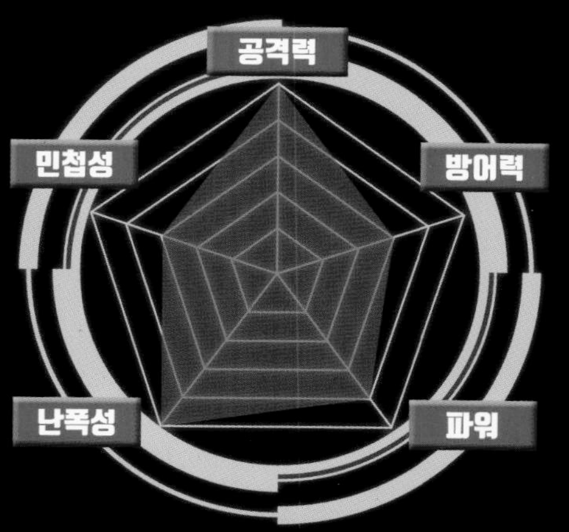

인도네시아에 분포하며 아시아에서 가장 큰 장수풍뎅이다. 코카서스는 그리스어로 '하얀 눈'이라는 뜻이다. 빛에 반사되면 몸이 하얗게 빛나는 모습을 눈에 비유한 것이다. 3개의 긴 뿔(좌우의 긴 가슴뿔 사이에 작은 뿔도 있어 정확하게는 4개의 뿔)을 가지고 있다.

분류	풍뎅잇과 〉 장수풍뎅이아과
먹이	수액
사는 곳	열대 우림
특징	거칠고 사나움
전체 길이	60 ~ 130mm

분포 지역 말레이반도, 수마트라섬, 자바섬, 인도차이나반도

강력한 공격 필살기

어떤 상대에게도 두려움 없이 용감하게 맞선다!

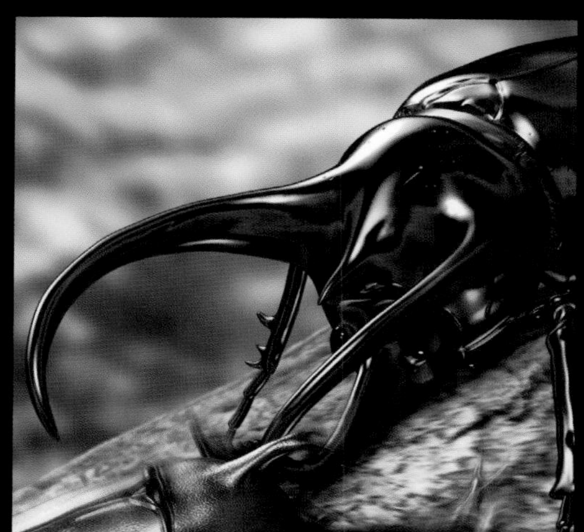

발톱이 상당히 날카롭고 가슴과 앞날개의 뿌리 부분도 칼날처럼 날카로워서 다룰 때 주의가 필요하다. 게다가 난폭한 장수풍뎅이로 유명하여 수컷 성충뿐만 아니라 암컷과 애벌레도 성질이 사납다. 가까이 다가오는 모든 존재에 대해 공격적으로 반응하며, 싸워서 죽인 상대의 사체를 계속해서 공격하기도 한다. 어떤 상대라도 두려워하지 않고 싸우는 싸움꾼이다.

몸은 작아도 타고난 싸움꾼

털보애왕장수풍뎅이

온몸에 황토색 계열의 짧은 털이 덥수룩하게 나 있고, '끼익 끼익' 하고 소리를 내는 것이 특징이다. 몸집은 작지만 싸움을 좋아하는 장수풍뎅이다.

공격력
방어력
파워
난폭성
민첩성

분류	풍뎅잇과 〉 장수풍뎅이아과
먹이	수액
사는 곳	삼림
특징	몸의 털
전체 길이	35 ~ 55mm

분포 지역 필리핀

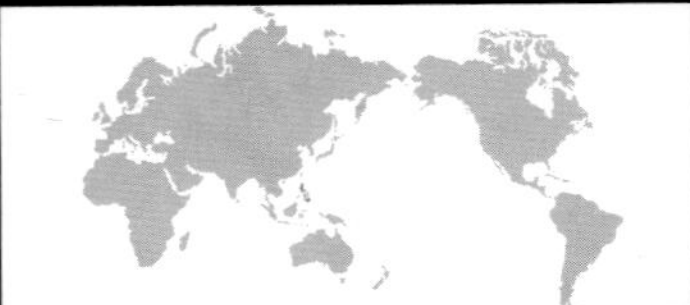

무게감 있는 거대한 몸

악테온코끼리장수풍뎅이

코끼리장수풍뎅이 중에서 몸무게가 가장 무거우며, 약 50g이나 되는 개체도 있다. 다리의 힘이 상당히 강해서 전투에 적합하다. 몸은 새까맣거나 붉은빛을 띠며 윤기가 없는 것이 특징이다.

공격력 / 방어력 / 파워 / 난폭성 / 민첩성

분류	풍뎅잇과 〉 장수풍뎅이아과
먹이	수액
사는 곳	열대 우림
특징	우람한 몸집
전체 길이	50 ~ 135mm

분포 지역 중앙아메리카, 남아메리카

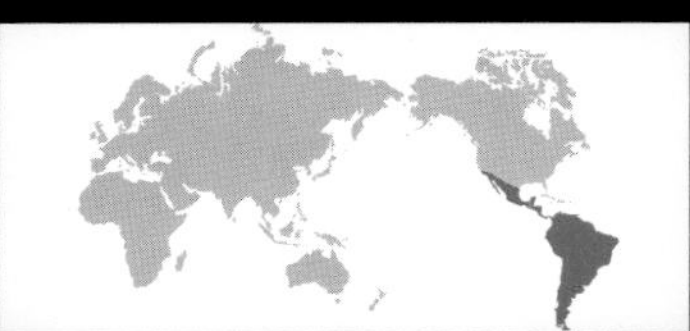

커다란 뿔에 털이 복슬복슬

사탄왕장수풍뎅이

공격력
방어력
파워
난폭성
민첩성

사탄이라는 이름은 악마 사탄(satan)에서 유래된 것으로 알려져 왔으나, 사실은 로마 신화의 농경의 신 '사투르누스(Saturnus)'에서 유래된 것이다. 가슴에 1개의 뿔이 나 있고, 그 안쪽에는 털이 빽빽하게 나 있다. 털이 덥수룩하다는 느낌을 주지만, 자태가 아름다워 인기 있는 종이다.

분류	풍뎅잇과 〉 장수풍뎅이아과
먹이	수액
사는 곳	해발 고도 1,000m 이상의 열대 우림
특징	1개뿐인 가슴뿔
전체 길이	55 ~ 115mm

분포 지역 볼리비아

초강력 곤충 최강왕 결정전
장수풍뎅이 대표 결정전

장수풍뎅이 대표
준결승전 진출!

제2시합
60쪽

제1시합
58쪽

야마토장수풍뎅이

코카서스
왕장수풍뎅이

헤라클레스
왕장수풍뎅이

장수풍뎅이 대표 결정전에는 전 세계적으로 열광적인 팬을 가진 선수들이 집결했다. 아시아 최대급인 코카서스왕장수풍뎅이와 일본 곤충계의 최강자 야마토장수풍뎅이의 한판 대결이 펼쳐진다. 이번에 시드권을 획득한 세계 제일의 난폭꾼 헤라클레스왕장수풍뎅이가 어떤 배틀을 펼치게 될지도 기대된다.

야마토장수풍뎅이 VS 코카서스왕장수풍뎅이

일본을 대표하는 '곤충의 왕' 야마토장수풍뎅이와 아시아에서 가장 큰 장수풍뎅이인 코카서스왕장수풍뎅이가 대결한다. 많은 사람이 몸집이 큰 코카서스왕장수풍뎅이가 배틀에 유리할 것이라고 예상하고 있다. 야마토장수풍뎅이는 이 예상을 뒤집을 수 있을까? 야마토장수풍뎅이의 분투가 기대된다.

상대를 제압하는
거대한 몸집의 뿔 공격!

배틀 시작!

뿔을 맞부딪치는 소리가 크게 울려 퍼진다!

난폭하고 공격적인 성격으로 알려진 코카서스왕장수풍뎅이는 야마토장수풍뎅이가 자신에게 다가오는 것을 알아차리고 바로 공격 자세를 취한다. 그리고 곧장 야마토장수풍뎅이를 향해 돌진한다.

코카서스왕장수풍뎅이가 돌진해 왔지만, 야마토장수풍뎅이는 전혀 두려워하지 않는다. 정면으로 돌격한 두 선수의 뿔이 격렬하게 부딪치자 그 소리가 주위에 울려 퍼진다.

연속적인 뿔 공격을 멈추지 않는다!

치명적인 결정타!

야마토장수풍뎅이는 용감하게 싸웠지만 두 배나 되는 크기의 코카서스왕장수풍뎅이에 밀리기 시작한다. 연속적인 뿔 공격으로 야마토장수풍뎅이가 실신 상태가 되었는데도 난폭한 코카서스왕장수풍뎅이는 공격을 멈추지 않는다. 결국 너무 위험한 상황이 되자 심판이 경기를 중단시켰다.

공격 필살기

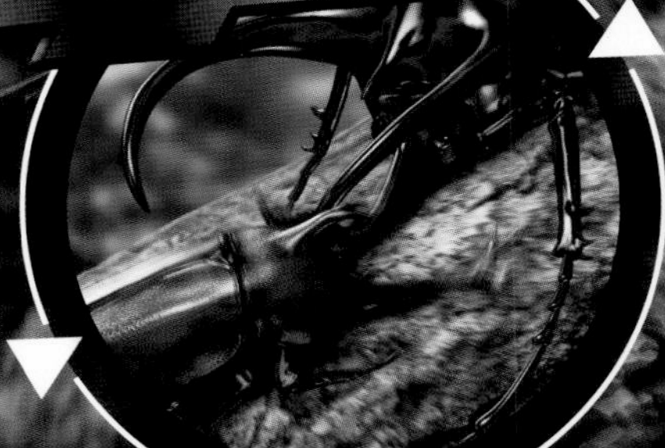

거침없는 뿔 박치기 연타

3개의 긴 뿔 공격을 피하기는 어렵다. 정면으로 부딪치면 완패한다.

승자

코카서스왕장수풍뎅이

난폭한 성격의 코카서스왕장수풍뎅이는 상대가 죽은 후에도 공격을 계속한다. 이번에도 움직일 수 없게 된 야마토장수풍뎅이를 계속 공격하자 더 이상은 위험하다고 판단한 심판이 경기를 중지시켰다.

코카서스왕장수풍뎅이 VS 헤라클레스왕장수풍뎅이

아시아에서 가장 큰 코카서스왕장수풍뎅이와 세계에서 가장 큰 헤라클레스왕장수풍뎅이의 대결이 펼쳐진다. 최강의 장수풍뎅이가 누가 될 것인지 이번 싸움에서 결정된다. 몸집은 헤라클레스왕장수풍뎅이가 더 크지만 무기가 되는 뿔의 수는 코카서스왕장수풍뎅이가 더 많다. 어느 쪽이 승리해도 이상하지 않은 대결이다. 정상을 노리는 장수풍뎅이의 배틀이 지금 바로 시작된다.

초대형 장수풍뎅이들이 박력 넘치게 충돌한다!

전체 길이 130mm의 코카서스왕장수풍뎅이와 전체 길이 176mm의 헤라클레스왕장수풍뎅이가 마주하고 있다. 양쪽 모두 큰 몸집과 긴 뿔이 있기 때문에 서로 노려보고 있는 모습만 봐도 상당한 박진감을 느낄 수 있다.

헤라클레스왕장수풍뎅이가 돌진한다. 긴 뿔이 창처럼 자신을 향해 달려왔지만 코카서스왕장수풍뎅이는 전혀 동요하지 않고 3개의 뿔로 당당히 맞서 싸운다.

큰 뿔에 끼여 옴짝달싹 못 하다!

치명적인 결정타!

3개의 뿔로 상대를 조른다!

헤라클레스왕장수풍뎅이의 뿔이 더 길지만 코카서스왕장수풍뎅이는 적의 뿔을 피해서 3개의 뿔로 멋지게 상대의 몸을 제압한다. 강력한 힘으로 꽉 조여 헤라클레스왕장수풍뎅이를 꼼짝할 수 없게 만들었다.

공격 필살기

고통을 주는 3개의 뿔

3개의 뿔로 상대를 옴짝달싹 못 하게 끼우는 것이 코카서스왕장수풍뎅이의 주특기이다.

승자

코카서스왕장수풍뎅이

싸움을 시작하기 전, 과연 어느 쪽이 승리할 것인지 예측할 수 없었다. 그런데 코카서스왕장수풍뎅이가 3개의 뿔을 약삭빠르고 재치 있게 활용해 헤라클레스왕장수풍뎅이를 잘 제어해서 승리했다.

멋진 뿔을 가진 힘센 장수풍뎅이들

곤충계의 제왕 장수풍뎅이는 헤아릴 수 없을 정도로 그 종류가 많다.
다양한 장수풍뎅이에 대해 알아보자.

몸 빛깔이 눈을 사로잡는

▶그란티흰장수풍뎅이(Dynastes grantii)

분류: 풍뎅잇과 > 장수풍뎅이아과 / 전체 길이: 32~85mm / 먹이: 수액

몸 빛깔이 흰색과 크림색으로 인기 있는 장수풍뎅이로 습기를 머금으면 검게 변한다. 성격은 온순하고 잘 싸우지 않는다.

짧은 털 모양이 매력적인

옥시덴탈리스코끼리장수풍뎅이(Megasoma occidentalis)◀

분류: 풍뎅잇과 > 장수풍뎅이아과 / 전체 길이: 60~120mm / 먹이: 수액

대형으로 분류되는 코끼리장수풍뎅이 중에서는 비교적 작은 종이다. 온몸에 짧은 털이 나 있으며 밝은색을 띠고 있다.

육식을 하는

▶외뿔장수풍뎅이(Eophileurus chinensis)

분류: 풍뎅잇과 > 장수풍뎅이아과 / 전체 길이: 18~24mm / 먹이: 유충, 지렁이, 그 외 생물의 사체

몸이 작고 큰 뿔이 없다. 몸 빛깔은 검은색으로 광택이 있다. 성충은 수액도 먹지만 주로 죽은 곤충이나 다른 곤충의 체액을 먹는 등 육식을 한다.

몸집이 작고 뿔이 없는

둥글장수풍뎅이(Pentodon quadridens)◀

분류: 풍뎅잇과 > 장수풍뎅이아과 / 전체 길이: 14~16mm / 먹이: 동물의 똥, 동물의 사체

뿔이 없는 장수풍뎅이로 몸이 검고 광택이 있다. 수컷과 암컷이 체형에서는 차이가 없다.

대나무에 둘러싸여 살아가는

▶골로파톱장수풍뎅이(Golofa porteri)

분류: 풍뎅잇과 > 장수풍뎅이아과 / 전체 길이: 40~85mm / 먹이: 대나무 줄기의 즙

중남미의 대나무 숲에 서식한다. 머리와 가슴의 뿔이 톱처럼 생겼고 다리는 가늘고 길다. 몸의 구조를 잘 이용해서 가늘고 불안정한 대나무 위에서 싸운다.

이름도 겉모습도 특별한

아누비스코끼리장수풍뎅이(Megasoma anubis)◀

분류: 풍뎅잇과 > 장수풍뎅이아과 / 전체 길이: 50~85mm / 먹이: 수액

이름은 이집트 신화에 등장하는 죽음의 신 '아누비스'에서 유래했다. 머리의 뿔이 두껍고 짧은 것이 특징이며, 몸이 황갈색 털로 덮여 있다.

늠름한 뿔을 가진

▶판장수풍뎅이(Enema pan)

분류: 풍뎅잇과 > 장수풍뎅이아과 / 전체 길이: 40~80mm / 먹이: 수액

장수풍뎅이로는 드물게 암컷의 머리에도 뿔이 나 있다. 남아메리카에 널리 분포하고 있으며, 마을에서 떨어진 숲에 서식한다.

3개의 뿔을 가진

베카리삼각뿔장수풍뎅이(Beckius beccarii)◀

분류: 풍뎅잇과 > 장수풍뎅이아과 / 전체 길이: 50~70mm / 먹이: 수액

머리에 뿔이 1개, 가슴에 뿔이 2개로 총 3개의 뿔이 있다. 위험을 느끼면 배와 앞날개를 비벼서 '쉭쉭' 하는 소리를 낸다.

장수풍뎅이의 흥미로운 특징

**장수풍뎅이에게는 흥미로운 특징이 아주 많다.
그들의 신기한 생태에 대해 알아보자.**

▶ 장수풍뎅이가 야행성인 이유는 무엇일까?

장수풍뎅이는 야행성으로 알려져 있다. 먹이 장소를 점령하는 장수말벌의 활동 시간을 피하기 위해 '어쩔 수 없이 야행성이 되었다'는 의견이 있다.

▶ 장수풍뎅이는 왜 하늘을 잘 날지 못할까?

장수풍뎅이에게는 단단하고 튼튼한 앞날개와 얇고 부드러운 뒷날개가 있다. 날아다닐 때는 뒷날개를 사용하는데, 몸이 무거운 것에 비해 날개가 얇아서 잘 날지 못한다.

▶ 짧은 수명을 가진 성충은 얼마나 살까?

장수풍뎅이는 생애의 대부분인 약 8개월을 유충으로 지낸다. 초여름에 성충이 된 후 먹이를 두고 다투거나 암컷을 쟁탈하기 위해 애쓰면서 체력을 소모하다가 가을을 맞이하지 못하고 8월 말이 되면 수명을 다하는 경우가 많다. 성충의 모습으로 보통 1개월에서 3개월 정도 사는 것이다.

초강력 곤충왕 대도감

딱정벌레목③

딱딱한 껍데기를 가진 곤충

사슴벌레, 장수풍뎅이 외에도 많은 딱정벌레가 존재한다.
개성 넘치는 용맹한 곤충들을 모두 알아보자.

물속을 헤엄쳐 다니는 사냥꾼

물방개

배틀 출전!

배틀 상대

폭탄먼지벌레

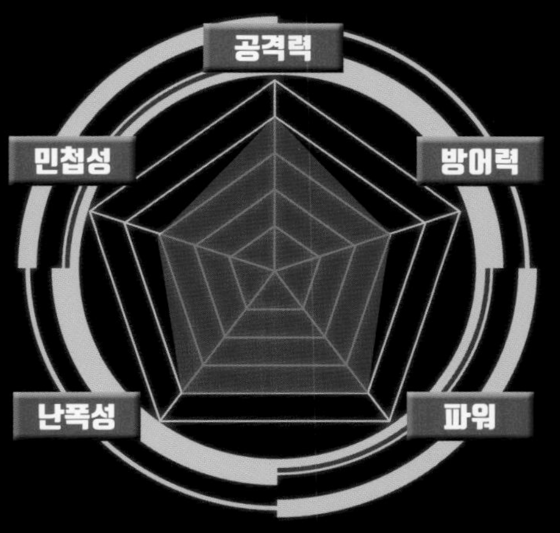

딱정벌레에 속하지만, 물에서 사는 곤충이다. 물의 저항을 받지 않는 유선형 몸과 배를 젓는 노처럼 생긴 뒷다리, 공기를 가두어 둘 수 있는 날개 등 물속에서 살아가기 좋은 몸으로 진화했다. 물속이 아닌 곳에서도 활동이 가능하다. 야행성인 물방개는 밤에 자유롭게 하늘을 날아다닌다.

분류	딱정벌레목 〉 물방갯과
먹이	곤충의 사체
사는 곳	연못, 늪, 휴경지(버려진 땅), 용수로(물을 보내는 통로)
특징	사나운 육식계
전체 길이	32 ~ 42mm

분포 지역 한국, 일본, 중국, 대만, 시베리아 남부

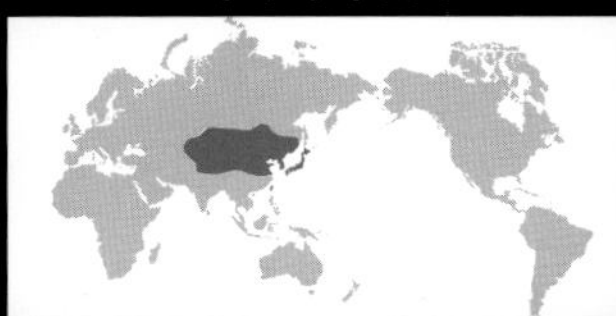

강력한 공격 필살기

사나운 물속의 사냥꾼으로 유충 시절부터 사냥감을 습격한다!

육식성인 물방개는 유충 시절부터 활발하게 벌레나 물고기 등을 습격하는 사나운 사냥꾼이다. 유충은 마비성 독을 먹잇감의 몸속으로 주입하여 움직이지 못하게 해서 상대를 잡아먹는다. 성충이 되면 물속에 빠지거나 상처를 입고 약해진 생물을 덮쳐 먹잇감으로 삼는다. 천적인 물새 등에게 습격당했을 때는 고약한 냄새가 나는 흰 액체를 내뿜어 몸을 보호한다.

달팽이의 천적

곤봉딱정벌레

달팽이를 주식으로 하는 일본 고유의 딱정벌레이다. 잘 발달된 턱으로 달팽이를 물어뜯어 잡아먹는다. 몸은 가늘고 길며 머리와 가슴이 유독 날씬하게 뻗어 있는 것이 특징이다. 성충이 된 후에도 날지 못하고, 기본적으로는 땅 위를 걸어 다닌다.

공격력 / 방어력 / 파워 / 난폭성 / 민첩성

분류	딱정벌레목 〉 딱정벌렛과
먹이	달팽이, 민달팽이, 지렁이
사는 곳	삼림의 지면
특징	잘 발달된 턱
전체 길이	26 ~ 65mm

분포 지역 일본

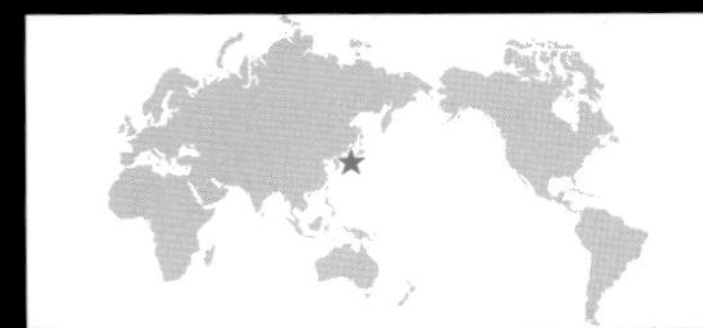

똥을 굴리는 태양신의 화신

왕소똥구리

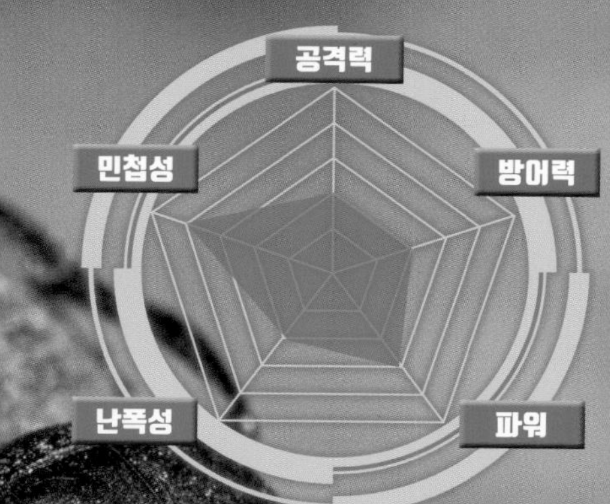

동물의 똥을 경단처럼 빚어서 뒷발로 굴리는 모습이 특이한 소똥구리이다. 적당한 구멍을 파고 그 안에 똥을 굴려 넣은 다음, 그것을 공 모양에서 서양 배 모양으로 만들어 그 속에 알을 낳는다. 고대 이집트에서는 왕소똥구리를 태양신의 화신으로 믿어 성스러운 곤충으로 여겼다. 왕소똥구리가 똥을 굴리듯이, 태양신이 하늘의 태양을 굴리고 있다고 생각한 것이다.

분류	딱정벌레목 〉 소똥구릿과
먹이	동물의 똥
사는 곳	초원, 건조 지대
특징	똥을 굴리는 모습
전체 길이	25 ~ 40mm

분포 지역 아프리카, 지중해 연안, 서아시아

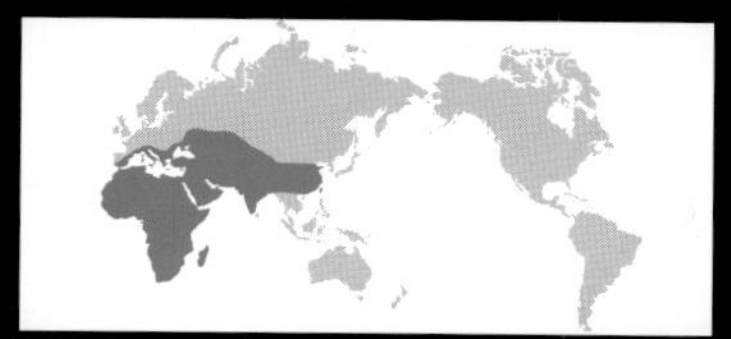

자연계의 청소부

검정송장벌레

동물의 사체를 먹고 분해해서 흙으로 되돌려주는 딱정벌레이다. 검정송장벌레가 있어서 자연이 깨끗해진다고 해도 과언이 아닐 것이다. 몸은 새까맣고 더듬이나 다리의 일부분에만 노란 털이 나 있다.

분류	딱정벌레목 〉 송장벌렛과
먹이	작은 동물의 사체
사는 곳	잡목림
특징	새까만 몸
전체 길이	25 ~ 40mm

분포 지역 한국, 일본, 대만, 중국

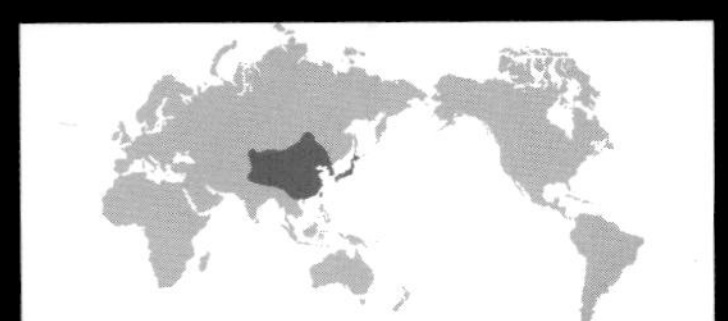

미스터리한 거대 딱정벌레

타이탄하늘소

공격력
방어력
파워
난폭성
민첩성

이름은 그리스 신화의 거인족 '티탄'에서 유래했다. 하늘소 중 가장 큰 종으로 꼽히며, 모든 딱정벌레 중 가장 큰 몸집을 자랑한다. 서식하는 수가 적고, 아직 자세한 생태는 알려지지 않아 미스터리한 딱정벌레이다.

분류	딱정벌레목 〉 하늘솟과
먹이	수분만 보급
사는 곳	열대 우림
특징	하늘소 중 가장 큰 몸집
전체 길이	15 ~ 20cm

분포 지역 베네수엘라, 콜롬비아, 에콰도르, 페루, 기니 각국, 북부 ~ 중부 브라질

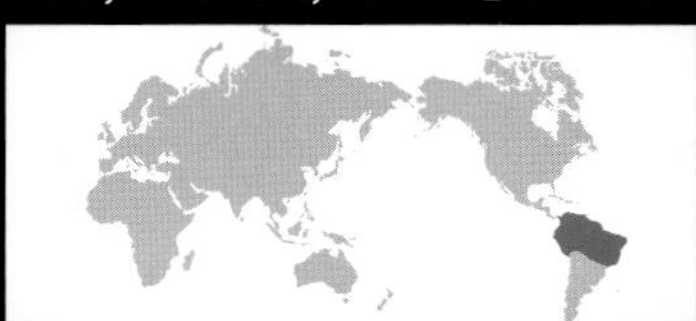

악취 가스를 내뿜는 방귀벌레

폭탄먼지벌레

배틀 상대
물방개

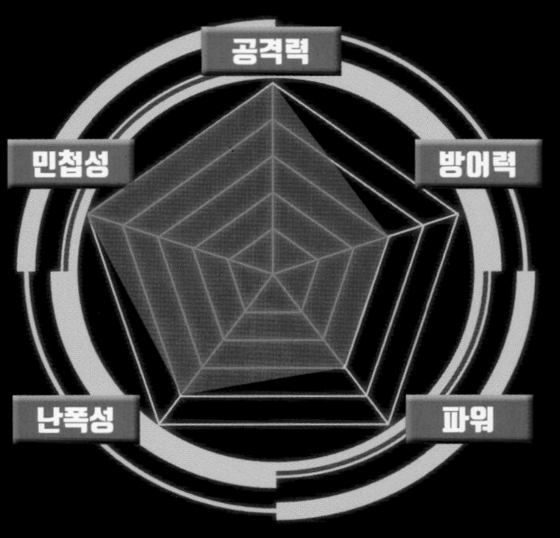

야행성으로 밤에 돌아다니며 작은 곤충을 잡아먹는다. 머리와 가슴은 노란색이며, 날개는 검은색에 노란색의 화려한 무늬가 있다. 머리는 납작하고 더듬이는 노란빛을 띤 갈색이다.

분류	딱정벌레목 〉 딱정벌렛과
먹이	작은 곤충
사는 곳	주택가, 강가 모래밭
특징	가스 분사
전체 길이	11 ~ 18mm
분포 지역	한국, 일본, 중국

강력한 공격 필살기

공격해 오는 적에게 강력한 방귀를 분사한다!

폭탄먼지벌레는 '방귀벌레'로 불리기도 하는데, 이름처럼 적에게 습격당했을 때 엉덩이에서 가스를 뿜어 상대를 공격한다. 가스는 강력한 악취를 동반할 뿐만 아니라 온도가 100도(℃)가 넘기 때문에 작은 곤충이나 파충류와 상대할 경우 화상을 입힐 수도 있다. 가스의 분사구는 모든 방향으로 향할 수 있어 어떤 상황에서도 발사할 수 있다.

하늘소를 빼닮은 곤충

왕병대벌레

하늘소와 생김새가 비슷해서 사람들이 착각할 때가 많지만 하늘소와 달리 만지면 몸이 부드러운 것이 특징이다. 앞가슴 등판에 1개의 커다란 검은 무늬가 있으며, 몸은 일반적으로 가늘고 길다. 갈색을 띤 개체가 많으며, 전체 길이는 15mm 내외이다.

분류	딱정벌레목 〉 병대벌렛과
먹이	곤충
사는 곳	활엽수
특징	부드러운 몸
전체 길이	약 15mm

분포 지역 한국, 일본

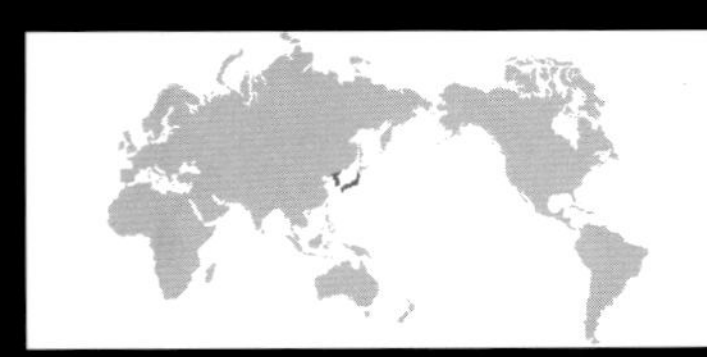

반점이 7개인 무당벌레

칠성무당벌레

빨강과 검정의 몸 빛깔이 인상적이다. 7개의 반점이 있어서 '칠성무당벌레'라는 이름이 붙여졌다. 위험을 느끼면 움직이지 않고 죽은 척한다. 그래도 상대가 공격해 오면 다리 관절 사이에서 냄새가 고약하고 쓴맛이 나는 액체를 내뿜는다. 의외로 육식을 해서 진딧물을 먹이로 삼고 있다.

분류	딱정벌레목 〉 무당벌렛과
먹이	진딧물
사는 곳	풀밭, 밭
특징	새빨간 몸과 7개의 검은 반점
전체 길이	5 ~ 9mm

분포 지역 한국, 일본, 동남아시아, 유럽, 북아프리카

몸 색깔이 화려한 포식자

길앞잡이

배틀 출전!

배틀 상대

물방개 또는 폭탄먼지벌레

화려하고 아름다운 몸 색깔이 특징이다. 유충은 강 근처의 습한 흙 속에 살고, 성충은 습하고 햇볕이 잘 드는 곳에 서식한다. 사람이 다가가면 몇 미터를 날아서 도망가지만 가끔 뒤를 돌아보는 행동을 반복한다. 이런 모습이 길을 안내하는 것 같다고 해서 '길앞잡이'라는 이름이 붙여졌다.

분류	딱정벌레목 〉 길앞잡잇과
먹이	작은 곤충, 동물의 사체
사는 곳	햇볕이 잘 드는 습한 모래땅이나 도로, 하천
특징	긴 다리
전체 길이	18 ~ 22mm

분포 지역 한국, 일본, 중국, 태국, 미얀마, 베트남

강력한 공격 필살기

긴 다리로 땅 위를 질주해서 먹잇감을 몰아붙인다!

유충과 성충 모두 육식을 하며 날카로운 턱으로 먹잇감을 잡아먹는다. 먹잇감은 작은 곤충이다. 성충의 경우 동물의 사체를 먹기도 한다. 사냥꾼으로서의 길앞잡이에게는 긴 다리가 강점이다. 그래서 빠른 속도로 땅 위를 질주해 먹잇감을 몰아붙여서 턱으로 잡아먹는다. 유충일 때는 땅에 구멍을 파고 숨어 있다가 먹이가 가까이 지나가면 구멍으로 끌어들여 잡아먹는다.

죽으면 색이 변하는 하늘소

참나무하늘소

더듬이가 상당히 길다. 검은 몸에 있는 노란 반점은 죽으면 흰색으로 변한다. 천적인 말총벌은 참나무하늘소의 유충에 자신의 알을 낳는다고 한다. 이렇게 태어난 말총벌의 유충은 참나무하늘소의 유충을 먹으며 성장한다.

공격력
민첩성
방어력
난폭성
파워

분류	딱정벌레목 〉 하늘솟과
먹이	참나뭇과의 수목
사는 곳	낙엽 활엽수림, 밤나무
특징	세로로 긴 노란색 반점
전체 길이	40 ~ 50mm

분포 지역 한국, 일본, 중국, 인도네시아

금속성 광채를 내는 풍뎅이

풍이

몸에 광택이 있는 것이 특징이며, 개체에 따라 녹색 또는 적갈색을 띠는 등 다양한 색이 관찰된다. 체형이 직선적이고 각이 져 있어 직사각형 같은 느낌을 준다. 민첩성이 뛰어나고 날아다니는 힘도 충분해 광범위하게 활동한다.

공격력
방어력
파워
난폭성
민첩성

분류	딱정벌레목 〉 꽃무지과
먹이	수액, 썩은 과일
사는 곳	잡목림, 공원
특징	금속성 빛을 내는 몸
전체 길이	22 ~ 30mm

분포 지역 한국, 일본, 중국

단단한 몸으로 철벽 방어

검정딱지바구미

공격력
민첩성
방어력
난폭성
파워

검은 몸이 호리병처럼 생겼고, 동글동글한 외형이 귀엽다. 곤충 가운데 가장 단단한 몸을 가졌으며, 몸이 너무 단단해서 진화하는 과정에서 날개가 펴지지 않게 되었다. 사람이 밟아도 으스러지지 않을 정도로 몸이 딱딱하다.

분류	딱정벌레목 〉 바구밋과
먹이	팽나무 등의 잎, 나무줄기
사는 곳	숲
특징	곤충 가운데 가장 단단한 몸
전체 길이	11 ~ 15mm

분포 지역 일본, 필리핀, 뉴기니섬 등

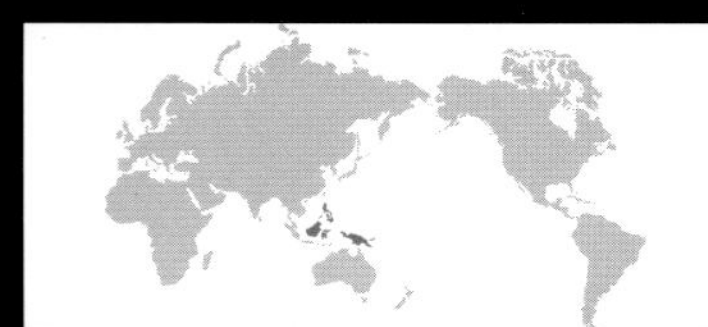

초강력 곤충 최강왕 결정전
그 외 딱정벌레목 대표 결정전

그 외 딱정벌레목 대표
준결승전 진출!

제2시합
84쪽

제1시합
82쪽

물방개

폭탄먼지벌레

길앞잡이

딱정벌레목 대표 결정전의 마지막 배틀은 개성파로 구성되어 있다. 물속의 사냥꾼 물방개를 상대로 강력한 가스를 몸에서 분사하는 폭탄먼지벌레가 어떤 방식으로 전투를 치를지 궁금하다. 긴 다리로 빠르게 움직이는 길앞잡이의 활약도 기대된다. 개성 넘치는 곤충들의 배틀이 이제 시작된다.

육식 곤충으로 알려진 두 선수, 물방개와 폭탄먼지벌레의 대결이다. 물속에서의 싸움이 특기인 물방개가 폭탄먼지벌레를 물속으로 끌어 들일 수 있을지 없을지가 싸움의 전개를 결정하는 포인트가 될 것이다. 반면 폭탄먼지벌레는 땅 위에서 싸우는 게 유리하다. 두 선수가 물속에서 싸울 것인지, 땅 위에서 싸울 것인지 주목해 보자.

배틀 시작!

물방개는 폭탄먼지벌레를 물속으로 끌어 들이려고 한다!

싸움의 장소는 물가다. 물 근처를 폭탄먼지벌레가 걷고 있고, 물속에서 물방개가 가만히 기다리고 있다. 폭탄먼지벌레가 물에 접근하자 물방개가 갑자기 움직이기 시작한다.

물방개가 물속에서 뛰쳐나와 폭탄먼지벌레에게 덤벼든다. 체격의 차이는 물방개가 약 2배 더 크다. 물방개가 잘 싸운다면 폭탄먼지벌레를 물속으로 끌고 들어가 버릴 것이다.

치명적인 결정타!

폭발음과 함께 고온의 가스가 분사된다!

물방개의 공격을 알아차린 폭탄먼지벌레가 엉덩이를 물방개 쪽으로 돌린다. '푹!' 하는 폭발음과 함께 가스가 분사된다. 뜨거운 가스를 맞은 물방개는 물속으로 도망쳤다.

공격 필살기

섭씨 100도의 가스 분사

악취와 함께 뿜어져 나오는 독가스의 온도가 100도(℃) 이상이므로, 직격으로 맞으면 도망칠 수밖에 없다.

폭탄먼지벌레

사람이 폭탄먼지벌레의 가스를 맞은 경우에도 강렬한 악취를 느낀다. 가스가 피부에 닿으면 상처가 남을 만큼 따갑고 눈에 맞으면 실명할 수 있을 정도로 위험하다. 더욱이 물방개 같은 작은 곤충이 독가스를 맞았다면 이보다 심각한 손상을 입었을 것이다. 물방개는 도망칠 수밖에 없었다.

폭탄먼지벌레 VS 길앞잡이

두 선수 모두 몸 빛깔이 화려한 게 특징이다. 과연 그들은 어떤 화려한 싸움을 선보이게 될까? 물방개에게 승리한 폭탄먼지벌레 앞을 길앞잡이가 막아선다. 폭탄먼지벌레의 필살기인 독가스 공격이 길앞잡이에게 통할까? 분사된 가스를 길앞잡이가 맞을 경우 잘 대응할 수 있을지 없을지가 승패를 결정할 포인트가 될 것이다.

배틀 시작!

폭탄먼지벌레의 필살기인 독가스가 길앞잡이를 덮친다!

서로 가만히 노려보고 있는 폭탄먼지벌레와 길앞잡이. 먼저 움직인 선수는 물방개에게 이기고 기세를 올린 폭탄먼지벌레이다. 갑자기 가스 분사구를 길앞잡이 쪽으로 향한다.

폭탄먼지벌레가 강렬한 가스를 분사한다. 하얀 연기와 악취가 퍼졌지만 그곳에 길앞잡이는 없었다. 곤충계에서도 1, 2위를 다툴 정도로 민첩한 길앞잡이가 가스를 재빨리 피한 것이다.

치명적인 결정타!

등 뒤로 돌아가서 강렬한 물어뜯기 공격을 시도한다!

폭탄먼지벌레는 포기하지 않고 가스를 계속 분사했지만 길앞잡이를 맞히지 못했다. 길앞잡이는 폭탄먼지벌레의 등 뒤로 돌아가더니 강력한 턱으로 폭탄먼지벌레의 배를 덥석 물어뜯어 승리를 거둔다.

공격 필살기

엄청나게 빠른 물어뜯기 공격

길앞잡이는 예리한 턱을 가지고 있으며, 물어뜯기 공격이 특기이다.

승자

길앞잡이

폭탄먼지벌레는 강력한 가스 분사라는 필살기를 가졌지만, 가스를 맞히지 못하면 상대를 쓰러뜨릴 수가 없다. 재빨리 움직이는 길앞잡이에게 가스 분사를 피하는 일은 쉬웠다.

우리 주변에 있는 딱정벌레들

인기 많은 사슴벌레와 장수풍뎅이 외에도 딱정벌레는 종류가 다양하다. 그중에 우리 주변에 살고 있는 곤충들을 살펴보자.

장수풍뎅이로 착각하기 쉬운

▶ 뿔소똥구리(Copris ochus)

분류: 딱정벌레목 > 풍뎅잇과 / 전체 길이: 18~30mm / 먹이: 동물의 똥

몸집이 크고 겉모습이 장수풍뎅이와 비슷하며, 대형 소똥구리에 속한다. 몸 빛깔은 검고, 약간의 광택이 난다. 수컷의 머리에 있는 뿔 같은 멋진 돌기가 특징이다.

얼룩무늬가 특징인

수염풍뎅이(Polyphylla laticollis) ◀

분류: 딱정벌레목 > 검정풍뎅잇과 / 전체 길이: 31~39mm / 먹이: 동물의 똥

갈색의 몸에 흰색 물감이 튄 듯한 얼룩무늬가 특징이다. 수컷은 뿔 같은 큰 더듬이를 활용해 암컷의 냄새를 구분한다.

꽃에 숨어 있는

▶ 참꽃무지(Cetonia pilifera)

분류: 딱정벌레목 > 꽃무짓과 / 전체 길이: 14~20mm / 먹이: 꽃의 꿀, 꽃가루

광택이 없는 녹색의 몸에는 흰 무늬가 있고, 배와 다리에는 가는 털이 나 있다. 미나리, 국화류의 꽃에 숨어 꿀을 핥는다.

형형색색으로 빛나는

풀색딱정벌레(Carabus insulicola) ◀

분류: 딱정벌레목 > 딱정벌렛과 / 전체 길이: 22~33mm / 먹이: 곤충, 지렁이 등 작은 동물

금속광택이 나며, 보는 각도에 따라 색이 변한다. 뒷날개가 퇴화해서 날 수 없으며, 밤이 되면 땅 위를 걸어 다닌다.

물방개로 착각하기 쉬운

▶물땡땡이(Hydrophilus acuminatus)

분류: 딱정벌레목 > 물땡땡잇과 / 전체 길이: 35~40mm / 먹이: 물풀, 조류

물속에 사는 곤충이다. 물땡땡이는 배에 송곳니처럼 생긴 돌기가 있는 것이 특징이다. 유충은 고둥을 잡아먹지만 성충은 주로 수초를 먹는다.

민첩하게 움직이는

물맴이(Gyrinus japonicus)◀

분류: 딱정벌레목 > 물맴잇과 / 전체 길이: 6~7.5mm / 먹이: 작은 곤충

물 위를 둥둥 떠다니는 물맴이는 몸집이 상당히 작은 편이며 타원형이다. 2개의 위아래로 나뉘어진 특수한 겹눈을 사용해서 상공과 물속의 적으로부터 몸을 보호한다.

반짝반짝 빛이 나는

▶겐지반딧불이(Nipponoluciola cruciata)

분류: 딱정벌레목 > 반딧불잇과 / 전체 길이: 12~15mm / 먹이: 다슬기 등 담수에 사는 고둥

깨끗한 강에만 살 수 있는 일본 고유의 반딧불이다. 가슴 부분이 분홍색인 것이 특징이며, 엉덩이 부분에서 반짝반짝 빛이 난다.

몸이 화려하게 반짝이는

비단벌레(Chrysochroa fulgidissima)◀

분류: 딱정벌레목 > 비단벌렛과 / 전체 길이: 25~40mm / 먹이: 팽나무의 잎

몸 빛깔이 녹색이며, 태양 빛을 반사하는 광택이 아름답다. 천적인 새가 이 광택을 싫어해서 햇빛이 비치는 낮 동안에는 몸을 보호할 수 있다.

식물의 의사 역할을 하는

▶노랑무당벌레(Illeis koebelei)

분류: 딱정벌레목 > 무당벌렛과 / 전체 길이: 4~5mm / 먹이: 식물병원균

식물의 잎에 하얀 곰팡이가 생기는 흰가룻병의 원인이 되는 균을 먹는 고마운 곤충이다. 유충 시절에도 번데기 시절에도 성충이 된 후에도 날개는 줄곧 노란색이다.

거위의 긴 목을 닮은

거위벌레(Apoderus jekelii)◀

분류: 딱정벌레목 > 거위벌렛과 / 전체 길이: 7~10mm / 먹이: 참나뭇과, 자작나뭇과

활엽수의 잎을 말아서 '요람'을 만들고 그 안에 알을 낳는다. 거위처럼 생겨서 '거위벌레'라는 이름이 붙여졌다.

딱정벌레의 알려지지 않은 생태

개성이 강한 딱정벌레들에게는 어떤 비밀이 숨겨져 있을까?

무당벌레

▶ 무당벌레의 대부분은 집단으로 겨울을 난다!

겨울이 되면 무당벌레는 추위를 견딜 만한 건물의 틈이나 나뭇잎 뒤, 돌 밑에 집단으로 숨어서 봄이 오기를 기다린다.

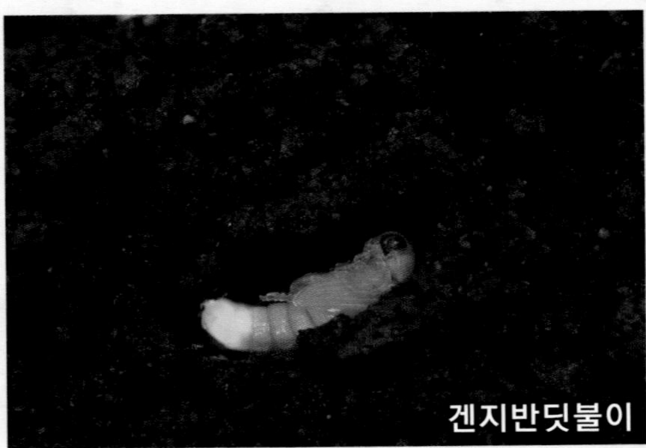
겐지반딧불이

▶ 반딧불이는 알, 유충, 번데기 때도 빛을 낸다!

반딧불이는 성충뿐만 아니라 알과 유충, 번데기 시절에도 계속 빛을 낸다. 반딧불이 배 부분에는 발광 기관이 있는데 빛을 낼 때 필요한 발광물질인 '루시페린'과 빛을 만드는 효소인 '루시페라아제'라는 물질이 알 시절부터 이미 갖추어져 있기 때문이다.

줄무늬물방개

▶ 물방개는 엉덩이에 산소통이 있다!

수생 곤충인 물방개는 땅 위에 사는 곤충들처럼 아가미가 없어서 아가미 호흡을 하지 못한다. 물속에서 호흡을 잘하기 위해서 잠수하기 전에 공기를 빨아들여 공기 방울을 만들어 산소통처럼 들고 다닌다. 따라서 엉덩이에 공기 방울이 맺혀 있는데 공기 방울을 산소통처럼 활용하여 물속에서 호흡하면서 헤엄친다.

초강력 곤충왕 대도감

그 외의 곤충

여전히 존재하는 위험한 곤충

곤충계에서는 딱딱한 껍데기로 덮인 딱정벌레만 강한 것이 아니다. 딱정벌레 외에도 탁월한 능력을 지닌 곤충들의 생태를 알아보자.

공중에서 공격하는 킬러 말벌

장수말벌

배틀 출전!

배틀 상대

총알개미

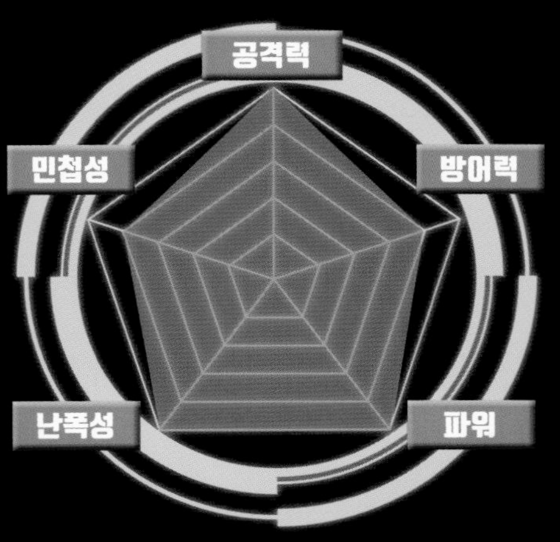

말벌은 벌 중에서도 공격성이 강한 종으로 알려져 있다. 그중에서도 가장 큰 종이 장수말벌이다. 나무 밑동, 나무속의 빈 공간, 사람이 사는 지붕 밑 등에 둥지를 튼다. 여왕벌, 일벌(암컷), 수벌이 한 둥지 안에서 집단생활을 한다.

분류	벌목 〉 말벌과
먹이	곤충, 수액, 꽃꿀
사는 곳	나무 밑동, 나무속의 빈 공간, 흙 속, 사람이 사는 지붕 밑
특징	강력한 턱
전체 길이	27 ~ 50mm
분포 지역	동아시아, 동남아시아

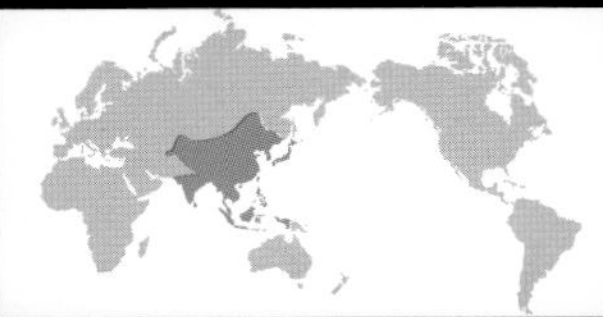

강력한 공격 필살기

위험한 맹독과 먹잇감을 부수는 턱이 강력한 무기이다!

암컷은 강한 독을 가지고 있어 둥지에 접근해 오는 적을 독침으로 찔러서 공격한다(수컷은 독침이 없어 적을 찌를 수 없음). 장수말벌은 벌류뿐만 아니라 다른 생물과 비교해도 가장 치명적인 독을 가지고 있으며, 독액의 양도 많아서 상당히 위험한 곤충이다. 또 쓰러뜨린 먹이를 경단 모양으로 만들어 유충에게 먹이는데, 이때 먹이를 깨물어 부술 만큼 턱의 힘이 상당히 강하다.

타란툴라의 천적

타란툴라사냥벌

'타란툴라호크'라고도 하며, 유충의 먹이로 삼기 위해 '타란툴라'라는 거미를 사냥한다. 벌 중에서는 세계에서 가장 큰 몸집을 지녔으며, 겉모습만 봐도 박력이 넘친다. 몸집이 큰 만큼 이 벌에 쏘이면 극심한 통증이 생기므로 주의해야 한다.

공격력
방어력
파워
난폭성
민첩성

분류	벌목 〉 대모벌과
먹이	꽃꿀
사는 곳	삼림
특징	세계에서 가장 큰 몸집의 벌
전체 길이	60mm 이상

분포 지역 중앙아메리카, 남아메리카 북부

전투 능력을 지닌 난폭한 사냥꾼

파리매

공격력 방어력 파워 난폭성 민첩성

암컷에게는 없지만 수컷은 배 끝에 흰 털이 빽빽하게 나 있는 것이 특징이다. 곤충을 잡아서 그 체액을 빨아 먹고 산다. 날아다니는 곤충이나 자신보다 더 큰 곤충을 잡기도 하고, 심지어 말벌을 잡아먹기도 한다.

분류	파리목 〉 파리맷과
먹이	딱정벌레, 파리, 등에
사는 곳	마을에 있는 산
특징	배에 있는 흰 털
전체 길이	23 ~ 30mm

분포 지역 일본, 중국 등

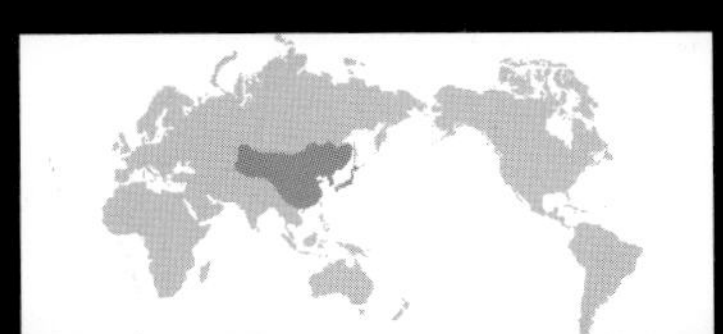

최강 독침을 가진 잔인한 개미

총알개미

배틀 상대

장수말벌

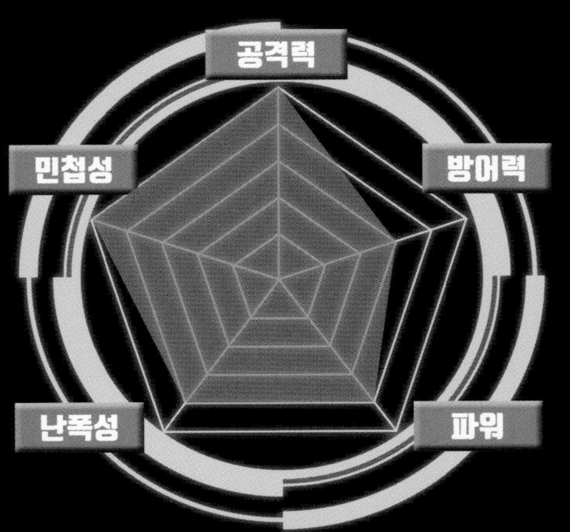

'콩가개미'라고도 불리며, 중앙아메리카의 니카라과와 남아메리카의 파라과이 등의 정글에 서식한다. 일개미는 25~28mm로 크기가 거대하다. 나무 밑동에 둥지를 틀고 한 둥지에 수백 마리에서 1,000마리 정도의 개미가 생활한다.

분류	벌목 〉 개밋과
먹이	곤충, 감로(잎에서 떨어지는 달콤한 액즙)
사는 곳	습기가 많은 저지대 다우림(무성한 열대 식물의 숲)
특징	독침
전체 길이	25 ~ 28mm

분포 지역 니카라과, 파라과이

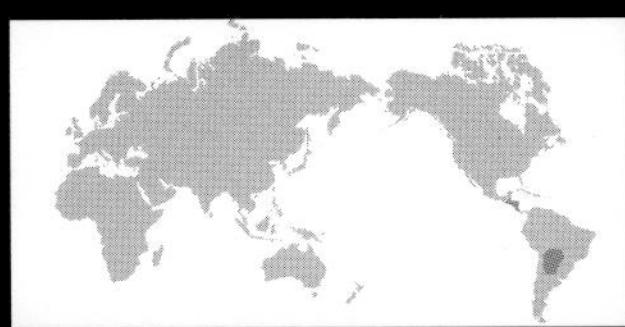

강력한 공격 필살기

날카로운 독침으로 총알이 박힌 듯한 고통을 준다!

총알개미는 매우 날카로운 독침이 있다. 독침에 찔렸을 때의 통증은 모든 벌과 개미 중 가장 고통스럽다고 한다. 독침에 찔리면 '마치 총에 맞은 것 같다'라는 생각이 들 정도로 너무 아파서 영어로는 'bullet ant(불릿 앤트)'라고 한다. 독침에 찔린 통증이 24시간 지속된다고 해서 현지에서는 '24시간 개미'라고도 불리는 공포의 대상이다.

에메랄드 빛의 초록색 눈을 지닌 잠자리

장수잠자리

우리나라에서 가장 큰 잠자리이며, 비행 능력이 뛰어나 공중에서 멈춘 상태를 유지할 수 있다. 수컷은 날갯짓하는 대상을 모두 암컷이라고 생각하기 때문에 쫓아가는 습성이 있다. 겹눈이 앞쪽으로 돌출되어 있으며, 몸에는 검은색과 노란색 줄무늬가 선명하다.

공격력
방어력
파워
난폭성
민첩성

분류	잠자리목 〉 장수잠자릿과
먹이	파리, 나방, 벌, 등에
사는 곳	삼림, 하천
특징	크고 화려한 외형
전체 길이	90 ~ 103mm

분포 지역 한국, 일본, 중국, 대만

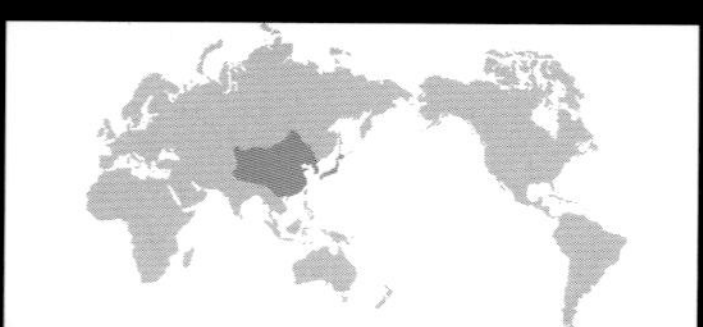

농작물을 몽땅 먹어 치우는 검은 군단

사막메뚜기

무리를 지어 집단을 이룬 사막메뚜기는 누런 몸에 검은 무늬를 가지고 있다. 엄청난 숫자의 무리가 대량 발생하여 농작물을 먹어 치운다. 국제연합식량농업기구(FAO)와 미국 농무부(USDA)에 따르면 1㎢당 4,000만에서 8,000만 마리에 이르는 무리가 하루에 3만 5,000명분의 식량을 먹어 치워 농사에 큰 피해를 주고 있다고 한다.

분류	메뚜기목 〉 메뚜깃과
먹이	농작물, 식물 전반
사는 곳	사막, 반건조 지대
특징	무리를 지어 집단을 이룸
전체 길이	50 ~ 70mm

분포 지역 서아프리카 ~ 인도

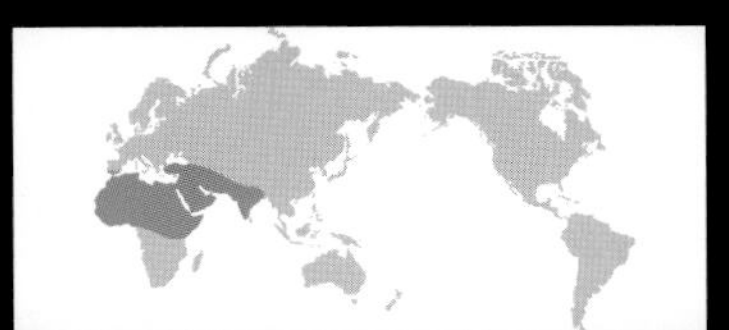

풀숲의 무법자

왕사마귀

몸이 녹색인 개체와 갈색인 개체로 나뉜다. 우리나라에서 가장 큰 사마귀로, 앞다리 끝에 있는 날카로운 낫으로 먹이를 잡는다. 주로 파리나 나비 같은 곤충을 잡아먹지만 때로는 작은 동물을 잡아먹기도 한다.

분류	사마귀목 〉 사마귓과
먹이	곤충
사는 곳	숲, 초원, 논밭
특징	날카로운 앞다리
전체 길이	68 ~ 95mm

분포 지역 한국, 일본, 중국, 동남아시아

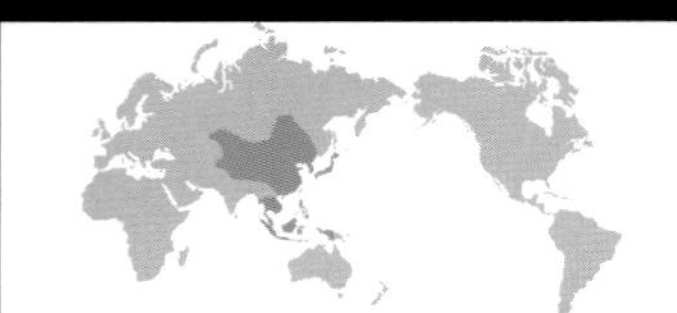

냉정하고 순수한 복서

복서사마귀

권투 장갑처럼 생긴 긴 앞다리의 끝으로 위협하는 동작이 *섀도복싱을 하는 멋진 복서 같은 모습이다. 장갑처럼 생긴 앞다리 끝의 색깔은 검은색과 주황색으로 상당히 화려하다.

분류	사마귀목 〉 애기사마귓과
먹이	곤충
사는 곳	열대 우림
특징	복서 같은 자세
전체 길이	약 30mm

분포 지역 동남아시아

*섀도복싱: 권투에서 상대가 앞에 있다고 가정하고 공격, 방어 등을 혼자서 연습하는 일

식욕이 왕성한 귀신 곤충

리옥크

배틀 출전!

배틀 상대

장수말벌 또는 총알개미

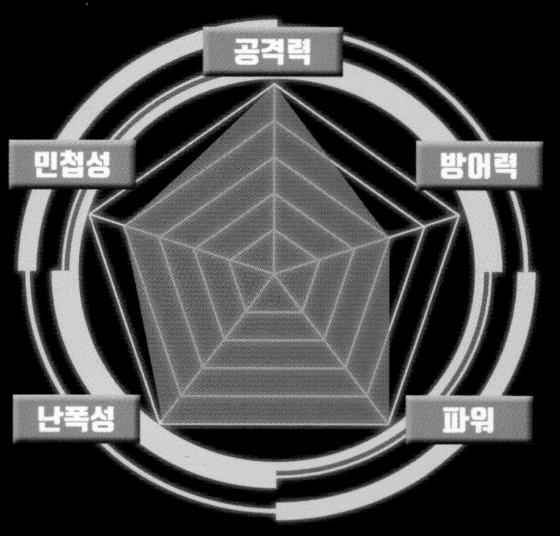

리옥크는 귀뚜라미처럼 생겼지만, 몸의 크기는 귀뚜라미의 몇 배나 된다. 인도네시아에 서식하며, 육식성으로 다른 곤충을 잡아먹는다. 몸 색깔은 주로 갈색이나 검은색을 띠며, 몸통은 두껍고 단단한 껍데기로 덮여 있다.

분류	메뚜기목 〉 어리여치상과
먹이	곤충
사는 곳	흙 속
특징	공격적이고 사나움
전체 길이	65 ~ 80mm

분포 지역 인도네시아

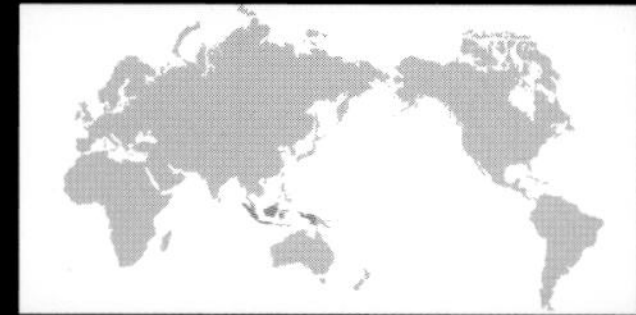

강력한 공격 필살기

어떤 상대라도 덮쳐서 쓰러뜨리고 먹어 치운다!

큰 몸집과 턱이 리옥크의 무기이다. 무는 힘이 상당히 강해 딱정벌레처럼 단단한 몸통도 씹어 먹을 수 있다고 한다. 성격이 사납고 자신보다 큰 상대도 스스럼없이 공격하는 점이 리옥크의 무서운 무기이다. 식욕이 왕성해서 몸집이 큰 어떤 곤충이라도 덮쳐서 먹어 치우려고 한다. 괴물 같은 존재라고

Anacanthocoris striicornis

지독한 악취를 뿜어내는 노린재

자귀나무허리노린재

몸 빛깔이 밝은 녹색이다. 몸이 가늘고 배가 부풀어 있다. 위험을 느끼면 바로 날아가 버린다. 또한 놀랐을 경우 분비액을 뿜어내는데, 지독한 악취가 난다.

공격력
방어력
파워
난폭성
민첩성

분류	노린재목 〉 허리노린잿과
먹이	자귀나무, 감이나 감귤류의 과즙
사는 곳	자귀나무
특징	지독한 악취
전체 길이	17 ~ 21mm

분포 지역 한국, 일본, 중국, 인도, 스리랑카

날카로운 입으로 포식하는 물가의 사냥꾼

물장군

공격력
방어력
파워
난폭성
민첩성

멸종 위기종으로 지정된 희귀 곤충이다. 수생 곤충으로는 우리나라에서 가장 크며, 입이 날카롭고 뾰족한 것이 특징이다. 사냥할 때 이 뾰족한 입을 상대에게 찌른 후 자신의 소화액을 흘려 넣어 움직이지 못하게 한 다음 체액을 빨아 먹는다.

분류	노린재목 〉 물장군과
먹이	척추동물, 수생 곤충 등
사는 곳	연못, 용수로
특징	바늘처럼 생긴 뾰족한 입
전체 길이	48 ~ 65mm

분포 지역 한국, 일본, 중국, 대만, 동남아시아

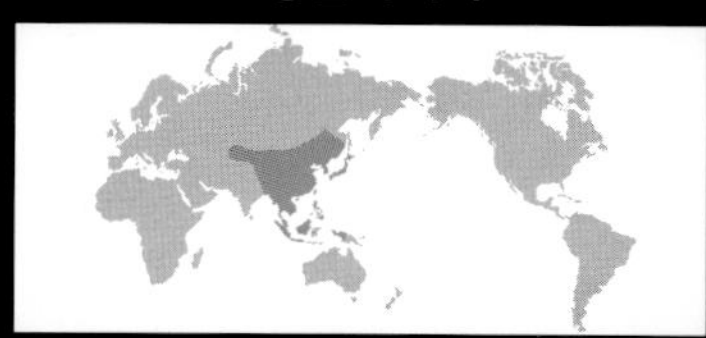

Labidura riparia japonica

엉덩이의 집게로 적을 사냥하는 곤충

큰집게벌레

공격력
방어력
파워
난폭성
민첩성

몸 빛깔은 검은색과 적갈색이며, 몸이 통통한 집게벌레이다. 엉덩이에 달려 있는 큰 집게를 사용해서 적을 공격하거나 먹이를 붙잡아 먹는다. 수컷과 암컷은 집게 모양으로 쉽게 구분할 수 있다. 수컷의 집게는 크고 구부러져 있고, 암컷의 집게는 비교적 곧은 모양으로 되어 있다.

분류	집게벌레목 〉 큰집게벌렛과
먹이	곤충, 식물
사는 곳	물가 모래 속
특징	엉덩이의 집게
전체 길이	25 ~ 30mm

분포 지역 한국, 일본, 중국

초강력 곤충 최강왕 결정전
그 외의 곤충 대표 결정전

그 외의 곤충 대표
준결승전 진출!

제2시합
108쪽

제1시합
106쪽

장수말벌

총알개미

리옥크

딱정벌레 외의 최강 곤충들이 집결했다. 치명적인 독침과 강인한 턱, 2개의 무기로 상대를 압도하는 장수말벌과 거대한 상대에도 결코 주눅이 들지 않는 최강의 개미인 총알개미, 식욕이 왕성하고 어떤 것이든 물어뜯어 먹어 치우는 리옥크가 배틀에서 만나게 된다. 드디어 격렬한 네 번째 대표 결정전의 막이 오른다.

강력한 독을 지닌 장수말벌과 물리면 극심한 통증을 느끼게 하는 총알개미. 두 선수 모두 사람들이 두려워하는 위험한 존재이다. 날카로운 독침과 강인한 턱이라는 공통된 무기를 지닌 두 선수가 비슷한 방식으로 싸울지 아니면 전혀 다른 방식으로 싸울지, 어떤 전투 방식을 선택할 것인지 주목된다. 아마도 방심하는 순간 승패가 결정될 것이다.

잔인한 독침과 턱을 지닌 벌과 개미가 격돌한다!

땅 위에 있는 총알개미를 내려다보며 장수말벌이 날고 있다. 장수말벌은 총알개미의 주변을 날아다니면서 큰 소리로 날갯짓을 하고, 턱으로 '딱딱' 소리를 내며 총알개미를 위협하고 있다.

공중에 있던 장수말벌이 갑자기 내려왔지만, 총알개미는 전혀 두려워하지 않고 오히려 선제공격한다. 총알개미가 물어뜯으려고 하자 장수말벌이 공중으로 날아올라가 피했다.

치명적인 결정타!

장수말벌의 날카로운 턱이 강적의 몸을 파고든다!

장수말벌이 다시 공중에서 공격해 온다. 공중에서 재빠르게 이동해 총알개미의 등 뒤에 올라탔다. 총알개미가 몸부림치며 반격하려 하지만 날카로운 턱도 독침도 장수말벌에게 닿지 않는다. 장수말벌의 강력한 턱이 총알개미를 먼저 붙잡았다. 결국 총알개미의 몸은 제압당하고 만다.

공격 필살기

상대를 단번에 제압하는 강력한 턱

장수말벌이 강력한 턱으로 총알개미를 물어뜯어 큰 상처를 주었다.

승자

장수말벌

총알개미는 강력한 턱과 독침이라는 무기가 있지만, 공중에서 공격하는 장수말벌을 피할 수 없었다. 장수말벌은 총알개미의 공격을 피하면서 자신의 공격을 제대로 성공시킨 것이다.

강적인 총알개미를 이긴 장수말벌이 이번에는 리옥크와 대결한다. 장수말벌은 총알개미와의 싸움에서 비행 능력을 이용해 유리한 입장이었는데, 과연 리옥크에게도 이 전법이 통할 수 있을까? 어떤 상대도 두려워하지 않는 리옥크의 공격적인 전투 스타일이 어떻게 활용될 것인지 지켜보자.

배틀 시작!

날갯짓 소리와 함께 턱으로 소리를 내면서 리옥크를 위협한다!

리옥크 주위를 빙글빙글 날아다니는 장수말벌. 이전 대결에서 총알개미에게 했던 전법과 마찬가지로, 날갯짓 소리를 크게 내면서 턱으로 '딱딱' 소리를 내며 상대를 위협한다.

리옥크도 더듬이와 턱을 움직이면서 장수말벌을 기다리고 있다. 체격 차이가 나기 때문에 리옥크가 장수말벌을 제압하면 장수말벌은 꼼짝 못 하게 될 것이다. 그런 점을 노리는 걸까?

치명적인 결정타!

강인한 턱과 왕성한 식욕으로 상대를 산산조각 내다!

결판의 순간은 갑자기 찾아왔다. 머리 위로 다가온 장수말벌을 리옥크가 앞다리로 붙잡더니, 그대로 머리부터 물어뜯었다. 강인한 턱에 붙잡힌 장수말벌이 최후를 맞이하고 만다.

승자

리옥크

장수말벌에 비해 리옥크의 속도가 빠르지 않지만, 어떤 상대도 두려워하지 않는 공격성과 무엇이든 먹어 치우는 식욕이 장수말벌을 압도하여 예상외의 결과가 나왔다.

공격 필살기

결정적인 물어뜯기

리옥크의 강력한 턱 공격 앞에서는 어떤 상대도 꼼짝 못 하게 된다.

독특한 겉모습을 지닌 곤충들

세상에는 아직 잘 알려지지 않은 곤충들이 많이 있다.
그중 겉모습이 매우 독특한 곤충들에 대해 알아보자.

뱃속에 꿀을 저장하는

▶꿀단지개미(Myrmecocystus mimicus)

분류: 벌목 > 개밋과 / 전체 길이: 약 10mm / 먹이: 꽃꿀

오스트레일리아와 북아메리카의 건조 지대에 서식한다. 뱃속에 꿀을 가득 저장해 두었다가, 먹이가 부족한 시기가 되면 다른 동료들에게 꿀을 토해 주는 영양 탱크 역할을 한다.

튀어나온 눈을 가진

자루눈파리(Diopsidae)◀

분류: 파리목 > 자루눈파릿과 / 전체 길이: 약 5mm / 먹이: 식물에 나는 곰팡이와 박테리아

'눈자루파리', '대눈파리'라고도 한다. 머리에 좌우로 길쭉하게 뻗은 나뭇가지 모양의 눈자루가 달린 것이 특징이다. 눈자루 끝에 겹눈이 달려 있고 옆에 더듬이도 있다. 눈자루가 길수록 암컷에게 인기가 많다고 한다.

부지런히 버섯을 재배하는

▶절엽개미(Atta cephalotes)

분류: 벌목 > 개밋과 / 전체 길이: 약 12mm / 먹이: 버섯

잎을 잘라 둥지로 가져가서 쌓아 놓는데, 이렇게 모은 잎에서 버섯이 자란다. 이 버섯은 절엽개미들의 식량이 된다.

수준 높은 의태를 하는

갈리나세우스메뚜기(Chorotypus gallinaceus)◀

분류: 메뚜기목 > 메뚜깃과 / 전체 길이: 약 50mm / 먹이: 마른 잎

적의 눈을 속이기 위해 마른 잎으로 의태해서 살아가는 메뚜기이다. 색깔뿐만 아니라 모양과 외형의 질감도 마른 잎처럼 보인다.

나뭇잎을 진짜처럼 재현한

▶ 실베짱이(Leptoderes ornatipennis)

분류: 메뚜기목 > 여칫과 / 전체 길이: 약 60mm / 먹이: 식물의 부드러운 잎

나뭇잎에 의태하여 살아간다. 마치 잎의 뒷면을 사진 찍은 듯한 모습인데, 사실적인 색감과 줄기의 질감이 느껴질 정도이다. 개체에 따라 나뭇잎 모양이 다르다.

흉내 내기에 뛰어난

큰나뭇잎벌레(Phyllium giganteum) ◀

분류: 대벌레목 > 나뭇잎벌렛과 / 전체 길이: 약 10cm / 먹이: 식물의 잎

서식하는 곳의 나뭇잎을 먹는 동안에 몸이 잎을 닮아간다. 외형뿐만 아니라 움직임까지 나뭇잎과 비슷해서 구분하기 힘들 정도이다.

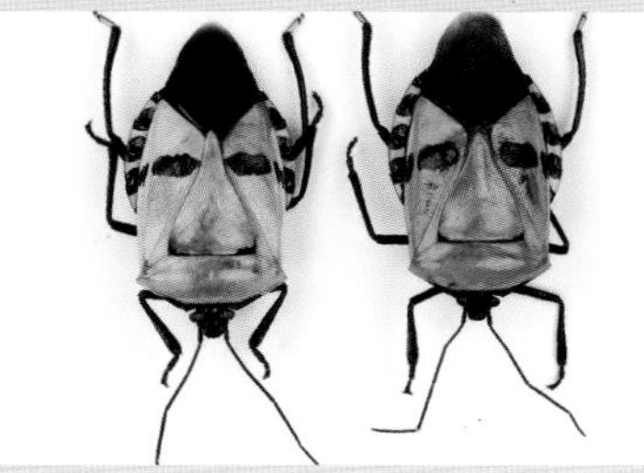

날개의 무늬가 사람의 얼굴과 닮은

▶ 사람얼굴노린재(Catacanthus incarnatus)

분류: 노린재목 > 노린잿과 / 전체 길이: 약 30mm / 먹이: 식물의 즙

날개에 사람 얼굴처럼 보이는 무늬가 있다고 하여 붙여진 이름이다. 무늬의 배치가 참으로 독특한 노린재이다.

가련한 모습으로 먹잇감을 사냥하는

난초사마귀(Hymenopus coronatus) ◀

분류: 사마귀목 > 애기사마귓과 / 전체 길이: 30~70mm / 먹이: 화분을 나르는 곤충

난초 꽃잎으로 의태해서 그 속에 숨어 있다가, 꽃에 다가오는 곤충을 잡아먹는다. 성충은 흰빛을 띠지만 유충은 분홍빛이 강해서 난초꽃으로 착각할 정도이다.

바퀴벌레를 사냥하는

▶ 보석말벌(Ampulex compressa)

분류: 벌목 > 는쟁이벌과 / 전체 길이: 16~18mm / 먹이: 바퀴벌레

금속 같은 광택 덕분에 '보석말벌'이라 불리며, 바퀴벌레를 사냥해서 '바퀴벌레말벌'이라고도 불린다. 바퀴벌레의 뇌에 독을 주입해서 마비시킨 후, 그 몸속에 알을 낳는다.

나뭇잎을 닮은

풍선매미(Cystosoma saundersii) ◀

분류: 노린재목 > 매밋과 / 전체 길이: 약 60mm / 먹이: 수액

'방광매미'라고도 알려졌으며, 날개 부분이 나뭇잎과 아주 비슷하다. 잎맥처럼 세세한 부분까지 재현되어 있어, 마치 한 장의 잎 그 자체를 보는 듯하다.

만약 벌에 쏘이면 어떻게 해야 할까?

벌은 우리 주변에서 종종 볼 수 있는 곤충이지만,
갑자기 벌을 자극하면 쏘일 수도 있다.

① 독침을 빼낸다.

먼저 신속하게 벌이 있는 곳을 벗어난다. 독침이 남아 있는 경우 핀셋 등으로 빼낸다.

② 쏘인 부위를 물로 잘 씻어 낸다.

쏘인 부위를 흐르는 물에 잘 씻고 손가락으로 세게 짜서 독을 빼낸다. 이렇게 하면 벌의 독을 희석시킬 수 있다.

③ 항히스타민제나 스테로이드가 들어 있는 연고를 바른다.

이러한 약은 벌에 쏘인 직후에 환부의 부기와 가려움증, 염증을 진정시키는 효과가 있다. 만일의 경우를 대비해서 평소에 준비해 두는 것이 좋다.

④ 환부를 식히고 병원에 가서 진찰을 받는다.

다양한 방법으로 처치를 해도 부기가 심할 경우에는 병원에서 진찰을 받도록 한다. 병원은 피부과나 내과, 소아과에 가야 한다.

초강력 곤충왕 대도감

거미와 지네

다리가 8개 이상인 절지동물

곤충과 같은 절지동물로 분류된다.
곤충 이외의 부류에 속하는 거미와 지네를 소개한다.

빠른 속도로 사냥하는 사막의 무법자

낙타거미

배틀 상대
아마존왕지네

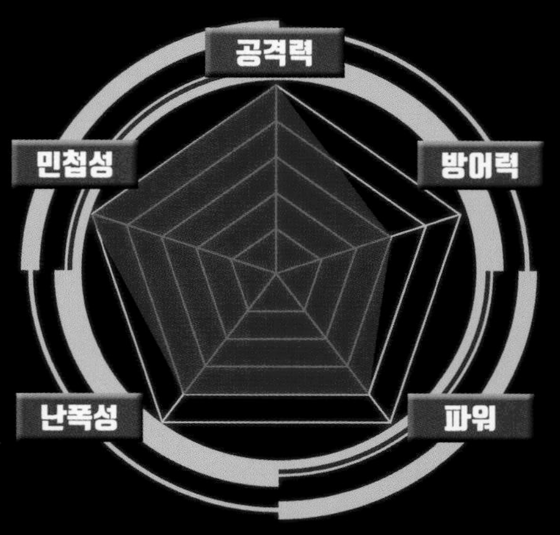

거미류(거미강, 낙타거미목)에 속하며, 촉각 센서 역할을 하는 각수(촉지)가 다리처럼 발달해 8개인 다리가 마치 10개인 것처럼 보인다. 따라서 채찍전갈, 채찍거미와 함께 '세계 3대 기이한 곤충'에 속한다. 학명의 'solifugae(솔리푸게)'는 '태양을 기피하는'이라는 뜻이며, 햇빛을 피해 구덩이나 그늘에 몸을 숨기는 습성에서 유래했다. 아프리카의 초원 지대, 사막에 서식한다.

분류	낙타거미목
먹이	곤충, 작은 동물
사는 곳	사막, 사바나
특징	기이한 외형
몸길이	10 ~ 80mm

분포 지역 열대, 아열대

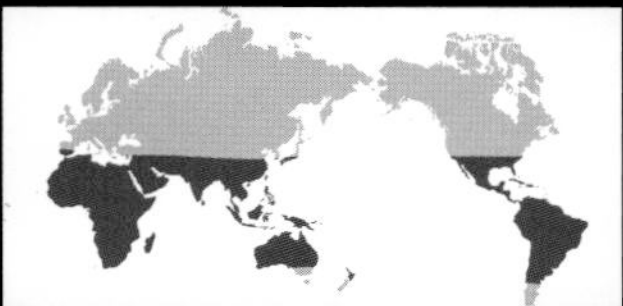

강력한 공격 필살기

엄청나게 빠른 속도로 사냥감을 낚아챈다!

육식을 하며 메뚜기 등을 잡아먹는다. 사냥할 때는 엄청나게 빠른 속도로 사냥감을 낚아챈다. 게다가 작은 도마뱀의 몸을 가를 수 있을 정도로 강력한 톱 모양의 협각도 가지고 있다. 협각이 아주 커서 몸길이의 3분의 1이나 된다. 독을 가지고 있지 않지만, 전갈로 의태해서 위협하는 자세를 취하는 변신 능력이 있다.

호러계의 거물

멕시칸레드니

많은 공포물 작품에 등장하는 타란툴라의 일종이다. 맹독을 떠올리는 사람도 많겠지만, 사실 타란툴라가 지닌 독은 사람에게는 큰 피해가 없으며 물리면 통증은 심하지만 사망한 사례는 없다. 하지만 사냥감을 쓰러뜨리기에는 충분한 독성이다. 배 윗면은 '자극모'라는 털로 덮여 있는데 이 털이 박히면 심한 통증과 가려움증을 일으킨다.

공격력
방어력
파워
난폭성
민첩성

분류	거미목 〉 짐승빛거밋과
먹이	곤충
사는 곳	땅 위
특징	자극모
몸길이	60 ~ 80mm

분포 지역 멕시코

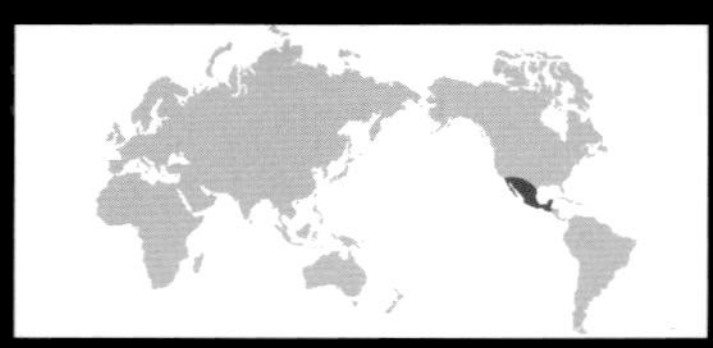

무시무시한 독거미

북미갈색실거미

공격력
방어력
파워
난폭성
민첩성

머리 부분에 바이올린 모양의 무늬가 있어 '바이올린거미'라고도 한다. 독거미의 일종이지만 사람을 무는 일은 별로 없다. 북미갈색실거미에게 물리면 물린 부위가 *괴사된다고 한다.

분류	거미목 〉 실거밋과
먹이	곤충
사는 곳	바위나 나무 밑, 건물
특징	강한 독
몸길이	약 10mm

분포 지역 북아메리카 남부

온갖 생물을 포식하는 밀림의 독충

아마존왕지네

배틀 상대
낙타거미

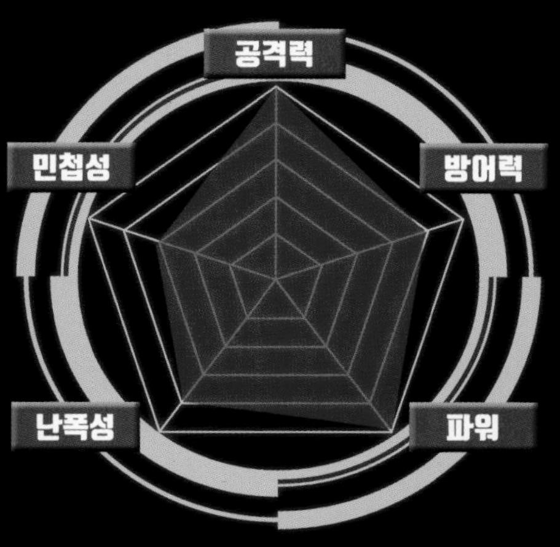

남아메리카 정글에 서식하며, 세계에서 가장 큰 지네이다. 육식성으로 곤충, 거미, 전갈, 도마뱀, 개구리, 쥐, 작은 새 등을 먹이로 하고 사냥감을 찾아 나무를 오르기도 한다. 원래는 흑색 계열이지만 빨간색이나 분홍색을 띤 개체도 있다. '페루왕지네'라고도 한다.

분류	왕지네목 〉 왕지넷과
먹이	곤충, 작은 동물
사는 곳	열대 우림
특징	세계에서 가장 큰 지네
전체 길이	20 ~ 40cm

분포 지역 남아메리카 북부

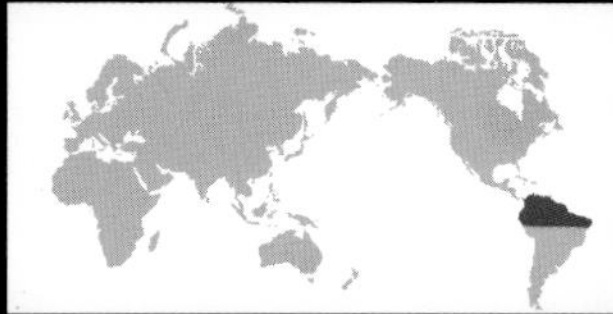

강력한 공격 필살기

어떤 상황에서도 먹잇감을 잡을 수 있는 뛰어난 사냥꾼이다!

큰 개체는 전체 길이가 40㎝ 이상까지 자라며, 마치 뱀처럼 목을 들어 상대를 위협한다. 물어뜯는 힘이 강하고, 강력한 독을 가지고 있다. 몸집이 큰 만큼 상대에게 주입하는 독의 양도 많아 위험하다. 사냥꾼으로서 뛰어나며 다양한 생물을 잡아먹는다. 동굴에서 천장에 매달려 날아다니는 박쥐를 잡아먹은 사례도 보고되었다.

새를 잡아먹는 거대한 거미

골리앗버드이터

공격력
방어력
파워
난폭성
민첩성

타란툴라의 일종으로 세계에서 가장 큰 거미로 알려져 있다. 공격적인 성격에 독을 가지고 있지만 아주 강한 독은 아니다. 새를 잡아먹을 정도로 거대해서 구약 성경에 나오는 거인 골리앗의 이름을 따서 골리앗버드이터(Goliath birdeater)라고 한다.

분류	거미목 〉 짐승빛거밋과
먹이	곤충
사는 곳	열대 우림
특징	세계에서 가장 큰 거미
몸길이	9cm

분포 지역 남아메리카 북서부

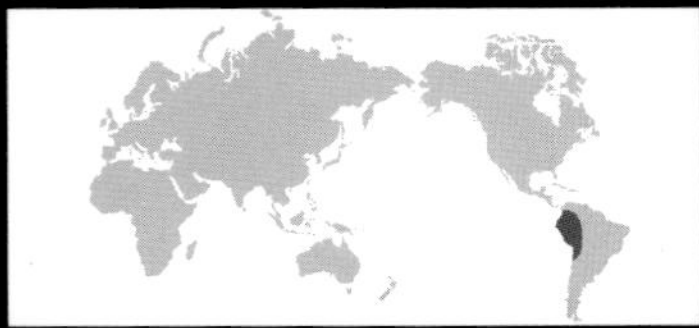

독으로 제압하는 지네

왕지네

개체에 따라 차이는 있지만, 기본적으로는 적갈색 머리와 황색 다리를 가지고 있다. 강한 독이 있으며, 물리면 극심한 통증을 동반한다. 이 독은 벌의 독과 비슷해서 *아나필락시스 쇼크를 일으킬 위험도 있다.

분류	왕지네목 〉 왕지넷과
먹이	바퀴벌레, 곤충, 작은 동물
사는 곳	잡목림
특징	상당히 긴 전체 길이
전체 길이	80 ~ 150mm

분포 지역 한국, 일본, 중국

죽음을 쫓는 사냥꾼

데스스토커

배틀 상대
황제전갈

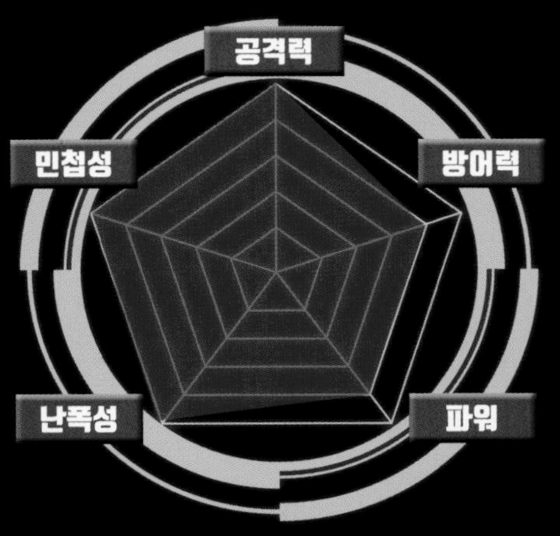

'살며시 다가오는 죽음'이라는 뜻의 데스스토커는 야행성으로 낮에는 굴이나 돌 밑에 숨어 있다가 밤이 되면 사냥감을 찾아 밖으로 나온다. 데스스토커는 어둠 속에 숨어 있다가 사냥감 등 뒤로 다가가 공격하는 무시무시한 전갈이다. 위협적인 집게발이 있고, 꼬리 끝에는 날카로운 독침이 있다.

분류	전갈목 〉 전갈과
먹이	곤충, 작은 동물
사는 곳	사막
특징	꼬리 끝의 독침
전체 길이	50 ~ 100mm

분포 지역 서아시아, 유럽, 북아프리카, 오스트레일리아

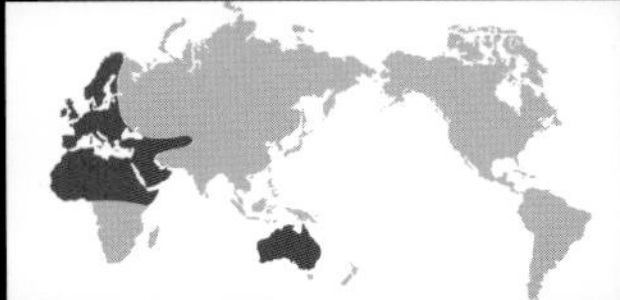

강력한 공격 필살기

사람의 생명을 위협할 정도의 강력한 맹독을 가지고 있다!

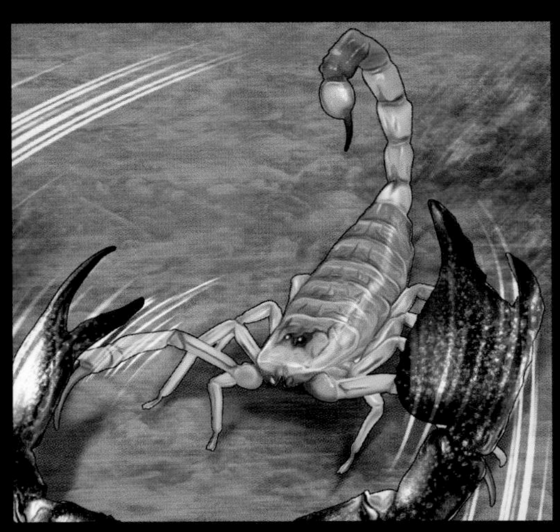

전체 길이가 50~100mm로 전갈 중에서는 소형 또는 중형에 속한다. 몸집은 작지만 무서운 맹독을 가지고 있어서 독침에 찔리면 극심한 통증을 겪는다. 심지어 신경이 마비되어 심장 발작이나 호흡 곤란을 일으킬 수도 있다. 사람의 경우에도 아이나 노인, 몸이 허약한 사람들이 독침에 찔리면 훨씬 더 위험하다. 데스스토커는 사냥할 때나 적과 싸울 때 이 독침을 사용한다.

독거미계의 대표 선수

애어리염낭거미

우리나라에 서식하는 거미 중 독성이 가장 강하다. 애어리염낭거미의 큰 *엄니에 물리면 극심한 통증을 일으킨다. 거미줄을 치지 않으며, 볏과 식물의 잎을 말아 작은 주머니 모양의 둥지를 짓는 것이 특징이다. 이 둥지에서 태어난 새끼는 첫 번째 탈피를 마치면 어미를 먹이로 삼아 성장한다.

공격력
방어력
파워
난폭성
민첩성

분류	거미목 〉 염낭거밋과
먹이	곤충
사는 곳	볏과 식물의 잎
특징	맹독
몸길이	10 ~ 15mm

분포 지역 한국, 일본, 중국

Thereuonema tuberculata

소를 끼치는 모습을 가진 그리마

혹그리마

몸의 줄무늬와 너무 많이 달린 다리가 사람들에게 혐오감을 준다. 적에게 습격을 당하면 스스로 다리를 잘라 내고, 적이 정신이 팔려 있는 사이에 도망간다고 한다. 잘린 다리는 다시 재생되기는 하지만 생존하기 위해 신체를 잘라 버리는 작전까지 쓰는 것이다. 그리마는 '돈벌레', '쉰발이'라는 이름으로도 불린다.

공격력
방어력
파워
난폭성
민첩성

분류	그리마목 〉 그리맛과
먹이	거미, 바퀴벌레
사는 곳	풀숲
특징	몸에 있는 줄무늬
전체 길이	19 ~ 28mm

분포 지역 일본, 동아시아

세계 최대의 대왕 전갈

황제전갈

배틀 출전!

배틀 상대

데스스토커

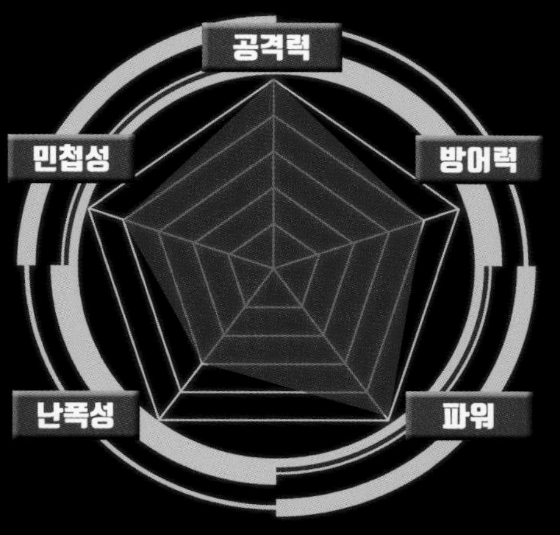

서아프리카 정글에 서식하는 세계 최대 크기의 전갈이다. 큰 개체는 전체 길이가 약 20㎝나 된다. 몸 빛깔은 푸른빛을 띤 검은색이지만 갓 태어난 새끼는 하얀색이다. 가로 폭이 넓고 육중한 체형에 집게는 원형에 가깝다.

분류	전갈목 〉 이형전갈과
먹이	곤충, 작은 동물
사는 곳	열대 우림
특징	세계 최고 수준의 크기
전체 길이	10 ~ 20㎝

분포 지역 아프리카 중서부

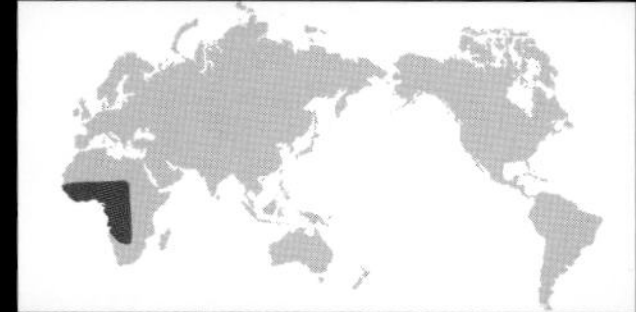

강력한 공격 필살기

단단한 몸과 엄청나게 강력한 집게발을 가진 세계 최대 전갈이다!

멋진 독침을 가지고 있지만 독침의 독성은 약하다. 사람이 찔린 경우에도 찔린 부위가 붓거나 가려운 정도이며 심각한 상태로 진행된 경우는 보고되지 않았다. 성질도 온순하다. 독성이 약하고 온순하다고 해서 방심할 수도 있지만, 몸이 단단하고 힘이 세서 집게발에 물리면 다칠 수 있다.

Dolomedes sulfureus

물고기를 사냥하는 거미

황닷거미

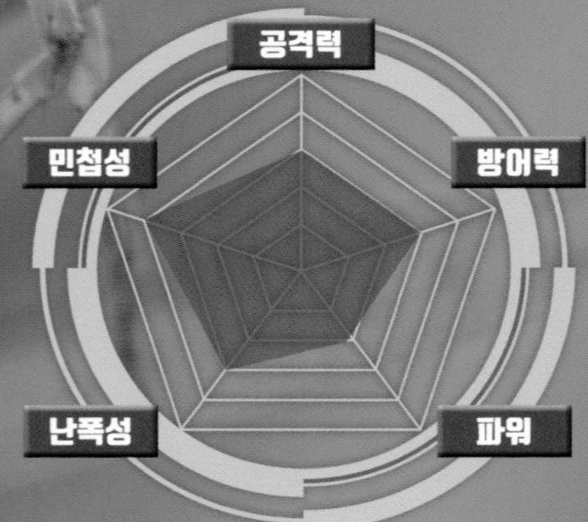

거미줄은 치지 않고 주변을 돌아다니며 먹잇감을 잡아먹는다. 작은 곤충뿐 아니라 물가를 돌아다니며 어린 물고기도 사냥한다. 개체에 따라 색채와 무늬가 다양하다.

분류	거미목 〉 닷거밋과
먹이	곤충
사는 곳	초원, 잡목림, 물가
특징	물고기를 사냥함
몸길이	13 ~ 28mm

분포 지역 한국, 일본, 대만, 중국

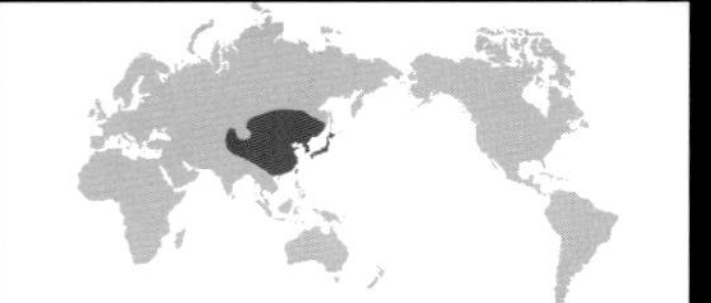

초강력 곤충 최강왕 결정전
스페셜 배틀

제1시합
130쪽

거미와 지네 대결

낙타거미

VS

아마존왕지네

제2시합
132쪽

전갈 대결

데스스토커

VS

황제전갈

준결승전을 열기 전에 스페셜 배틀을 개최한다. 이번에 출전하는 선수는 곤충의 범위를 넘어선 절지동물들이다. 우선 제1시합은 사막의 사냥꾼 낙타거미와 세계 최대의 지네인 아마존왕지네가 펼치는 거미와 지네의 대결이다. 제2시합은 맹독침을 휘두르는 데스스토커와 거대한 몸집으로 상대를 압도하는 황제전갈의 숙명적인 한판 대결이 펼쳐진다. 분명 예상치 못한 결말이 기다리고 있을 것이다. 배틀이 어떤 방향으로 진행될 것인지 숨죽여 지켜보자.

낙타거미 VS 아마존왕지네

최강의 곤충 제왕을 결정하는 토너먼트와는 별개로 스페셜 배틀이 실시된다. 개성 강한 생물들이 대결하면서 토너먼트와는 다른 이색적인 배틀이 펼쳐질 것이다. 제1시합에서는 낙타거미와 아마존왕지네가 싸운다. 세계 3대 기이한 곤충에 속하는 거미와 세계 최대의 지네가 싸우면 과연 어떤 일이 일어날 것인지 전혀 예상할 수가 없다.

배틀 시작!

서로 독특한 자세로 상대를 위협한다!

낙타거미는 마치 전갈 같은 자세를 취한다. 한편 아마존왕지네는 꿈틀꿈틀 움직이면서 뱀처럼 목을 들어 올린다. 서로 위협하고 있는 중이다.

상대를 향해 움직이기 시작한 낙타거미. 움직임이 상당히 재빠르다. 아마존왕지네는 몸을 꿈틀거리며 낙타거미의 움직임을 따라가려고 한다.

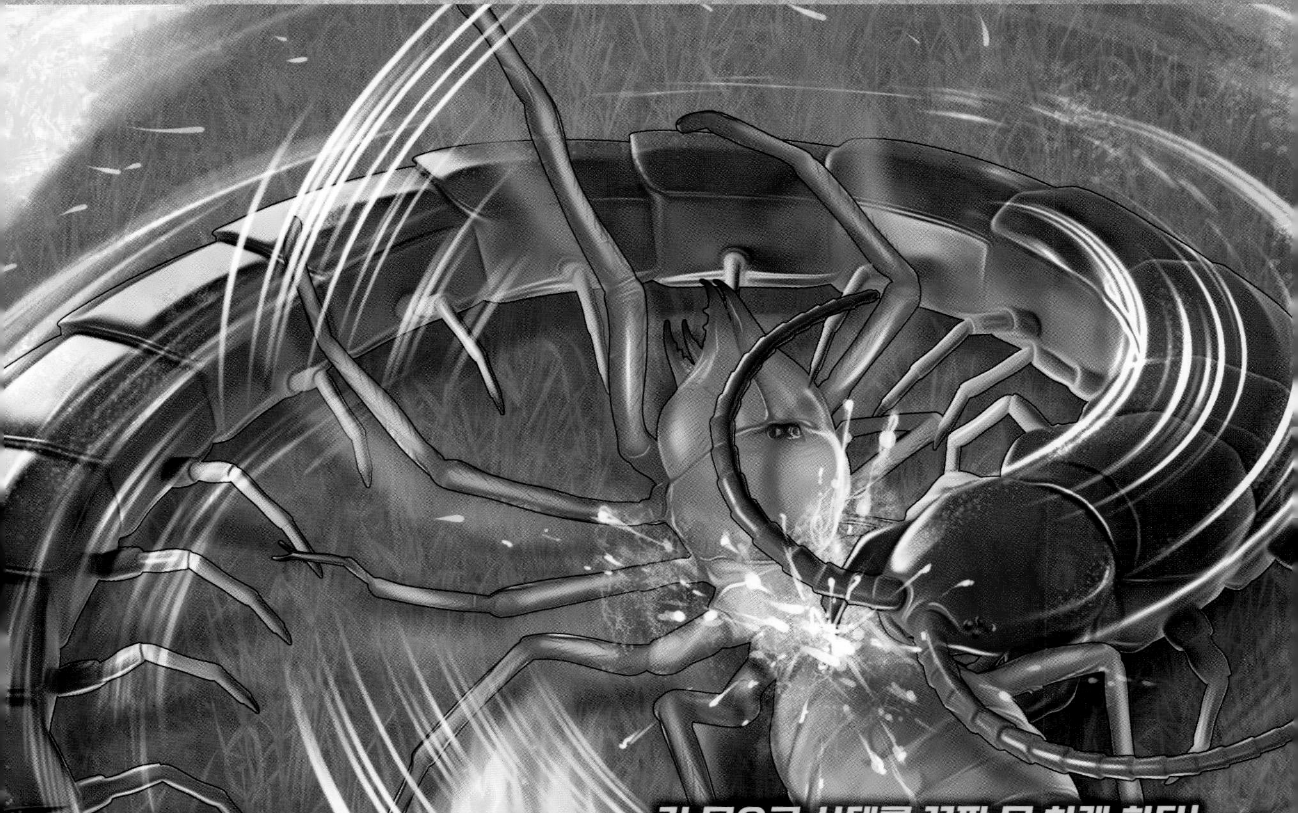

긴 몸으로 상대를 꼼짝 못 하게 한다!

낙타거미가 아마존왕지네의 몸을 물어뜯었다. 그리고 상대를 억누르며 협각으로 숨통을 끊으려고 한다. 하지만 아마존왕지네의 긴 몸이 오히려 낙타거미의 움직임을 제압한다. 그리고 그대로 낙타거미를 먹어 치운다.

치명적인 결정타!

공격 필살기

수많은 다리로 만드는 위험한 감옥

지네는 많은 다리로 상대의 움직임을 완전히 제압한다. 마치 감옥에 가둬 버리는 듯하다.

승자

아마존왕지네

낙타거미는 톱 같은 협각이 도마뱀의 몸도 찢어 버릴 정도로 강력하지만, 아마존왕지네의 긴 몸에 움직임을 완전히 제압당하자 자신의 무기인 협각을 사용할 수 없었다.

데스스토커 VS 황제전갈

스페셜 배틀의 제2시합은 전갈끼리의 대결이다. 맹독을 지닌 상당히 위험한 전갈로 유명한 데스스토커와 이에 대항하는 선수는 독은 약하지만 단단한 몸과 강한 힘을 지닌 황제전갈이다. 데스스토커의 독침이 상대를 쓰러뜨릴 것인지 아니면 황제전갈의 강한 집게발이 상대를 찢어 버릴 것인지, 무시무시한 두 전갈의 배틀이 지금 시작된다.

막상막하의 대결! 승부를 알 수 없는

배틀 시작!

집게발을 들어 올리며 두 선수 모두 완전한 전투태세를 취한다!

서로 마주한 데스스토커와 황제전갈. 노란색과 검은색으로, 두 선수는 몸 빛깔부터 완전히 다르다. 서로 집게발을 치켜들고 상대를 위협한다.

집게발로 전투태세를 갖추고 꼬리를 높이 들어 올리며 서로를 향해 슬금슬금 나아간다. 가까워지자 체격의 차이가 뚜렷이 나타난다. 하지만 독성은 데스스토커가 더 강하다.

공포의 독침이 상대의 몸에 꽂힌다!

치명적인 결정타!

데스스토커는 독침을, 황제전갈은 집게발을 휘둘렀지만 서로의 몸이 단단해서 결정적인 상처를 주지 못했다. 하지만 공격이 계속 반복되자 데스스토커의 독침이 드디어 황제전갈의 몸에 꽂혔다.

공격 필살기

독침으로 찌르기

황제전갈의 단단한 몸에 데스스토커의 독침이 꽂혔다.

승자

데스스토커

시합이 시작되기 전에는 큰 몸집과 파워로 황제전갈이 압도할 것이라고 예상했지만, 데스스토커가 필살의 무기인 독침을 사용함으로써 황제전갈의 단단한 몸에 치명상을 입혔다.

개성 넘치는 거미와 지네

친근한 생물부터 위험한 생물까지,
개성 넘치는 거미와 지네에 대해 알아보자.

강한 독을 지닌

▶붉은등과부거미(Latrodectus hasseltii)

분류: 거미목 > 꼬마거밋과 / 몸길이: 수컷 4~5mm, 암컷 7~10mm / 먹이: 곤충

몸 빛깔이 검고 암컷의 등딱지에는 붉은색 선이 있다. 암컷은 강한 독을 가지고 있어 물리지 않도록 주의해야 한다.

개미처럼 돌아다니는

불개미거미(Myrmarachne japonica)◀

분류: 거미목 > 깡충거밋과 / 몸길이: 5~8mm / 먹이: 곤충

개미를 쏙 빼닮은 모습의 거미이다. 개미는 다리가 6개, 거미는 8개이므로 다리의 개수로 구분할 수 있다. 개미로 의태를 해서 개미들 틈에 끼어들어, 낮에는 개미집에서 포식자를 피하고 밤에는 개미집에서 개미를 습격한다.

싱싱한 새잎의 빛깔을 띤

▶줄연두게거미(Oxytate striatipes)

분류: 거미목 > 게거밋과 / 몸길이: 12~13mm / 먹이: 파리 등의 작은 벌레

이름으로 짐작할 수 있듯이 몸 빛깔이 선명한 연녹색이다. 나무의 잎 위에서 생활하며, 거미줄을 치지 않고 숨어 있다가 적의 숨통을 끊어 버린다.

의외로 사람에게 유익한

농발거미(Heteropoda venatoria)◀

분류: 거미목 > 농발거밋과 / 몸길이: 20~30mm / 먹이: 바퀴벌레

사람의 집을 거처로 하는 외래종으로, 바퀴벌레나 파리 등의 해충을 잡아먹는 유익한 거미이다. 거미줄을 치지 않는 유형의 거미 중에서는 최대의 크기를 자랑한다.

습한 장소를 좋아하는

▶고운까막노래기(Oxidus gracilis)

분류: 띠노래기목 > 무당노래깃과 / 전체 길이: 10~20mm / 먹이: 썩은 낙엽, 균류 등

몸은 거무스름하며, 각 마디마다 크림색 다리가 2쌍이 나 있다. 냄새샘이라는 기관에서 불쾌한 냄새가 나는 액을 뿜어낸다. 습한 곳이라면 어디에서든 쉽게 발견할 수 있다.

소름 끼치게 움직이는

왜구리노래기(Nedyopus patrioticus)◀

분류: 띠노래기목 > 무당노래깃과 / 전체 길이: 20mm / 먹이: 썩은 낙엽, 균류 등

노래기 중에서 비교적 몸집이 작은 종으로, 붉은색과 검은색 줄무늬가 눈길을 끈다. 장마철에 흔히 볼 수 있고, 냄새가 고약하다.

전갈은 아니지만 공격력이 뛰어난

▶타이완채찍전갈(Typopeltis crucifer)

분류: 미갈목 > 채찍전갈과(식초전갈과) / 전체 길이: 약 40mm / 먹이: 곤충, 노래기류

전갈과 비슷하게 생겼지만 독이 없고, 채찍전갈(식초전갈)의 한 종류이다. 위험을 감지하면 식초 냄새가 나는 액체를 분사한다.

물리지 않도록 주의해야 하는

참진드기(Metastigmata)◀

분류: 응애목 > 참진드깃과 / 전체 길이: 3~8mm / 먹이: 동물의 혈액

거미와 비슷하게 생겼지만 진드기이며, 동물의 피를 빨아 먹고 살아간다. 피를 빠는 과정에서 병원체나 바이러스를 옮길 가능성이 있는 위험한 생물이다.

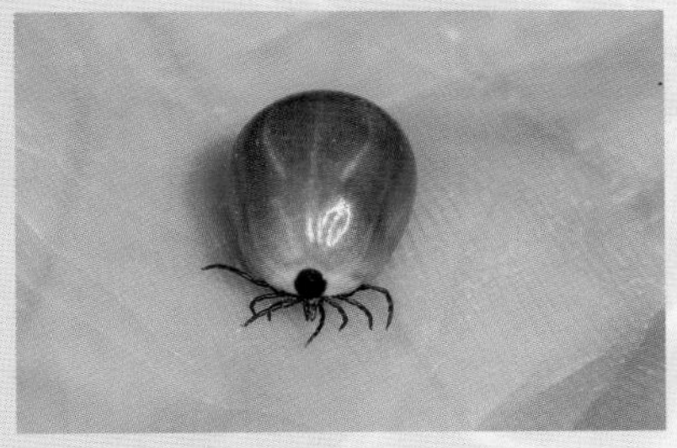

어디에나 나타나는 이웃 같은

▶공벌레(Armadillidium vulgare)

분류: 등각목 > 공벌렛과 / 전체 길이: 약 13mm / 먹이: 마른 잎, 식물의 부드러운 잎과 줄기

일반적으로 '공벌레'라고 불리는 것은 '공벌렛과'의 종을 말한다. 위험을 감지하면 몸을 둥글게 말아 방어하는 습성이 있다.

공벌레로 착각하기 쉬운

쥐며느리(Porcellio scaber)◀

분류: 등각목 > 쥐며느릿과 / 전체 길이: 약 13mm / 먹이: 마른 잎, 식물의 부드러운 잎과 줄기

공벌레는 자극을 주면 몸을 둥글게 말지만, 쥐며느리는 둥글게 말지 않는다. 공벌레보다 형태가 납작하다.

단백질이 풍부한 곤충을 먹는 문화

전 세계에 곤충을 먹는 문화가 확산되어 있는데, 고대부터 곤충을 먹거나 약으로 이용한 나라도 있다.

최근에 식량 위기를 해결할 수단으로 곤충식이 주목을 받고 있다. 실제로 예로부터 세계 각국에서 곤충식이 존재해 왔다. 곤충을 먹는 나라는 아시아와 아프리카를 중심으로 확산되어 있으며, 특히 태국은 곤충을 왕성하게 소비하고 있는 나라이다. 메뚜기와 물장군, 나방의 유충 등 많은 곤충이 일상적으로 식용으로 이용되고 있으며, 그중에서도 귀뚜라미는 양식하고 있다. 우리나라에서는 메뚜기와 번데기를 식용으로 이용하고 있다.

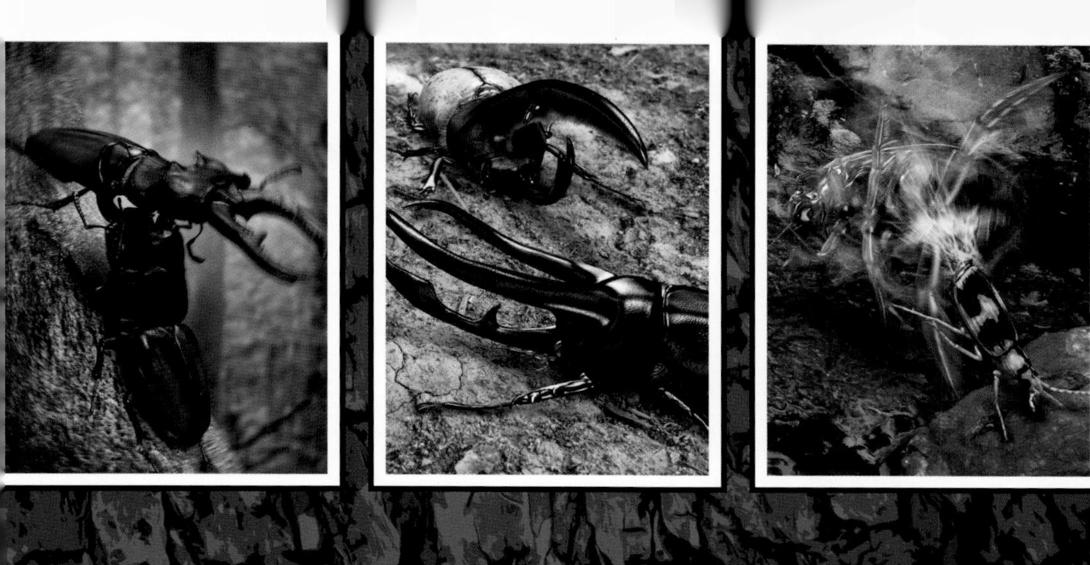

지금까지의 배틀

지금까지의 배틀

토너먼트에서 맹렬하게 대결한 결과, 준결승에 진출할 곤충 4마리가 결정됐다. 그들이 어떻게 강적을 물리쳤는지 다시 한번 살펴보자. 4마리 모두 우승을 노릴 수 있는 파이터라는 것을 알게 될 것이다.

곤충 팬들이 애타게 기다리던 꿈같은 대결이 실현됐다!

맨 처음 배틀은 사슴벌레끼리의 대결이었다. 다음 배틀은 장수풍뎅이끼리, 그다음 배틀은 사슴벌레와 장수풍뎅이를 제외한 딱정벌레끼리의 대결이었다. 이어서 딱정벌레를 제외한 힘센 곤충들의 배틀이 이어졌고, 마지막 배틀은 다리가 많이 달린 절지동물들의 대결이었다.

곤충 팬들이 애타게 기다리던 꿈같은 대결이 실현되었다. 예를 들어 코카서스왕장수풍뎅이 대 헤라클레스왕장수풍뎅이의 배틀은 최강의 장수풍뎅이가 누가 될 것인지 궁금해 하는 곤충 팬들이 숨죽여 지켜봤을 것이다. 힘겨루기가 비슷한 두 선수가 한 번 더 싸우면 다른 결과가 나올 가능성이 높지만 이것만으로도 곤충 팬들에게는 대망의 대결을 목격할 수 있어서 좋았을 것이다.

준결승과 결승에서도 분명히 '이 대결을 보고 싶었어!', '이런 조합의 대결을 볼 수 있다니!'라고 생각했던 배틀이 펼쳐질 것이다.

배틀 장면!

▲ 리옥크가 장수말벌을 앞다리로 붙잡더니, 강인한 턱으로 장수말벌의 몸을 물어뜯었다.

WINNER

기라파톱사슴벌레

몸이 세계에서 가장 긴 사슴벌레로, 강력한 큰턱을 지녔다. 우리나라의 대표 사슴벌레인 넓적사슴벌레를 시원하게 내던졌다.

코카서스왕장수풍뎅이

수컷 성충뿐만 아니라 암컷과 유충도 기질이 사나운 것으로 알려진 난폭한 장수풍뎅이다. 어떤 상대라도 두려워하지 않고 맞서 싸운다. 뿔 3개를 잘 활용해 승리했다.

길앞잡이

화려한 곤충으로 유명하며, 동시에 민첩한 사냥꾼이기도 하다. 특기인 재빠른 동작으로 폭탄먼지벌레의 가스 분사를 피하고 승리했다.

리옥크

겉모습이 거대한 귀뚜라미처럼 생겼다. 강력한 턱으로 상대를 산산조각 내기 때문에 싸우는 방법이 마치 괴물 같았다.

긴 큰턱에 잡혀 경기장 밖으로 내던져졌다!

우리나라를 대표하는 넓적사슴벌레는 유럽을 대표하는 유럽사슴벌레를 이겨서 기세가 등등했지만 아쉽게도 기라파톱사슴벌레를 무너뜨릴 수는 없었다.
기린의 목에 비유될 정도의 긴 큰턱을 지닌 기라파톱사슴벌레. 넓적사슴벌레로서는 이 긴 큰턱을 피하고 싶었지만 결국 큰턱 길이의 차이를 극복하지 못했다. 넓적사슴벌레가 기라파톱사슴벌레의 큰턱에 잡혀 경기장 밖으로 내동댕이쳐져 패배한 것이다.

배틀 장면!

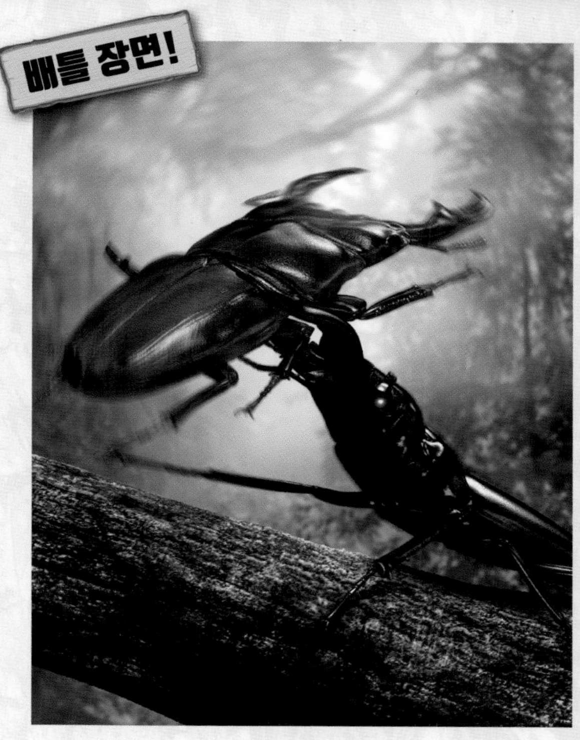

▶ 성질이 사나운 넓적사슴벌레가 자신보다 큰 기라파톱사슴벌레에게 과감하게 도전했지만 결국 패배했다.

배틀 장면!

▲ 총알개미에게 쏘였을 때의 통증은 모든 벌과 개미 중에서도 최고 수준이라고 알려졌지만 총알개미는 결국 패배했다.

사람이 두려워하는 위험한 개미와 벌의 대결이 펼쳐졌다!

아쉽게도 양쪽 모두 최종 승자로 살아남지 못했지만, 제1시합에서의 장수말벌 대 총알개미의 싸움도 흥미로운 대결이었다.
장수말벌은 위험한 말벌 중에서도 대형종에 속한다. 총알개미에게 쏘이면 총알에 맞은 것처럼 심한 통증이 발생한다. 위험한 벌과 개미가 싸우면 어떤 일이 일어날 것인지 누구나 흥미를 가질 만한 배틀이었다. 장수말벌이 비행 능력을 살려 승리했지만 일 대 일이 아닌 무리 싸움에서는 어떤 결론이 날지 다음 기회에 꼭 볼 수 있기를 기대한다.

초강력 곤충 최강왕 결정전
준결승전

제1시합
142쪽

기라파톱사슴벌레

VS

코카서스왕장수풍뎅이

제2시합
144쪽

길앞잡이

VS

리옥크

각 부문의 대표 선수가 모두 결정되자 준결승전의 무대가 준비되었다. 곤충계의 에이스 사슴벌레와 장수풍뎅이의 대결은 지상 최강의 헌터 대결이라고 할 수 있다. 둘 중 누가 승리해도 이상하지 않은 대결이다. 절대로 놓칠 수 없는 최강 곤충들의 대결이 마침내 시작된다.

준결승전의 제1시합은 유럽사슴벌레와 넓적사슴벌레를 격파한 기라파톱사슴벌레 대 야마토장수풍뎅이와 헤라클레스왕장수풍뎅이를 격파한 코카서스왕장수풍뎅이의 대결이다. 최강의 사슴벌레와 최강의 장수풍뎅이가 격돌하는 것이다. 많은 곤충 팬들이 오랜 세월에 걸쳐 언급하고 있는 '사슴벌레와 장수풍뎅이 가운데 실제로 어느 쪽이 더 강할까?'라는 논쟁에 드디어 결론을 지을 수 있는 날이 왔다.

배틀 시작!

길고 강한 큰턱과 날카로운 3개의 뿔이 격돌한다!

큰턱으로 '딱딱' 소리를 내며 움직이는 기라파톱사슴벌레와 3개의 뿔을 흔들고 있는 코카서스왕장수풍뎅이. 턱과 뿔, 둘 다 강력한 무기라는 것을 보기만 해도 알 수 있다.

큰턱과 3개의 뿔이 격렬하게 부딪친다. 기라파톱사슴벌레는 큰턱으로 상대를 붙잡으려고 하고, 코카서스왕장수풍뎅이는 3개의 뿔에 상대를 끼우려고 한다. 두 선수가 서로를 노리고 있다는 것은 같다.

치명적인 결정타!

상대를 꼼짝 못 하게 붙잡은 뒤 던져서 날려 버린다!

상대의 몸을 먼저 제압하기 위해 큰턱과 뿔을 서로 부딪치는 과정이 계속되는 가운데, 기라파톱사슴벌레의 큰턱이 드디어 코카서스왕장수풍뎅이에게 닿는다. 그러자 그대로 상대를 들어 올려 던져 버렸다.

공격 필살기

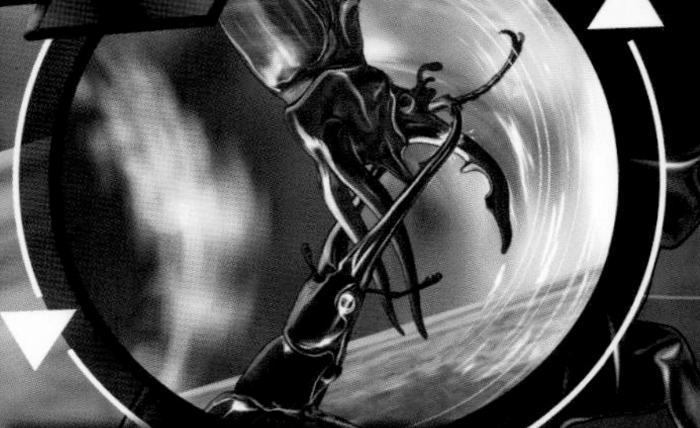

강력한 메치기 기술

기라파톱사슴벌레는 큰턱으로 상대를 붙잡은 뒤, 들어 올려 내던졌다.

승자

기라파톱사슴벌레

코카서스왕장수풍뎅이도 뿔로 상대를 끼운 다음 메치기를 하는 것이 특기이므로 기회를 노렸다. 하지만 기라파톱사슴벌레의 큰턱이 더 빠르게 상대를 붙잡아서 특기인 메치기 기술을 성공시켜 멋지게 승리를 거두었다.

준결승전의 제2시합은 길앞잡이와 리옥크의 대결이다. 앞 경기에서 길앞잡이는 특기인 민첩한 움직임으로 폭탄먼지벌레를 위협했다. 한편 리옥크는 위험한 장수말벌을 물어뜯어서 승리했다. 몸 빛깔이 화려하고 아름다운 길앞잡이와 귀뚜라미처럼 생긴 리옥크. 두 선수가 격돌하는, 아주 색다른 배틀이 여기에서 펼쳐진다.

배틀 시작!

길앞잡이가 맹렬한 속도로 상대를 위협한다!

길앞잡이가 리옥크의 주위를 맹렬한 속도로 뛰어다닌다. 공격할 기회를 노리고 있는 것이다. 리옥크가 조금이라도 틈을 보이는 순간 예리하고 강한 턱으로 물어뜯을 작전이다.

리옥크는 더듬이를 진동시키면서 길앞잡이를 쫓아갔지만, 길앞잡이를 따라가지 못하고 있다. 하지만 길앞잡이도 섣불리 공격을 시도하면 리옥크에게 잡힐 위험이 있다.

리옥크의 두꺼운 앞다리가 상대를 짓누른다!

공격해야 할지 거리를 둬야 할지 망설여지자 길앞잡이가 동작을 멈춘다. 바로 그때 리옥크가 앞다리로 길앞잡이를 단단하게 잡더니 강력한 턱으로 길앞잡이를 맹렬히 물어뜯었다.

치명적인 결정타!

승자

리옥크

길앞잡이는 속도에서 압도적으로 상대보다 뛰어났지만, 동작을 멈추는 순간 리옥크에게 잡히고 말았다. 몸이 짓눌린 상태의 길앞잡이가 이길 방법은 없었다. 리옥크의 압승이다.

공격 필살기

결정적인 물어뜯기

리옥크는 이전의 경기와 마찬가지로 상대를 물어뜯어 산산조각 내 버렸다.

하늘을 날아다니는 아름다운 곤충

모양도 색채도 다양해서 눈길을 사로잡는
아름다운 나비에 대해 알아보자.

줄무늬 모양이 포인트인

▶ 산호랑나비(Papilio machaon)

분류: 나비목 > 호랑나빗과 / 앞날개의 길이: 40~65mm / 먹이: 진달래, 백합, 국화 등의 꽃꿀

호랑나비와 매우 비슷하지만, 노란빛을 더 많이 띠고 있고 날개의 무늬에 차이가 있다. 뒷날개의 파란색과 주황색의 배색이 선명하다.

윤기 나는 검은빛이 아름다운

제비나비(Papilio bianor) ◀

분류: 나비목 > 호랑나빗과 / 앞날개의 길이: 45~80mm / 먹이: 진달래, 백합, 엉겅퀴 등의 꽃꿀

까마귀처럼 검은 날개에는 청색과 녹색으로 화려한 광택이 난다. 거리에서는 별로 마주칠 일이 없고, 교외(도시의 주변 지역)에 서식하는 경우가 많다.

누구나 한 번은 본 적이 있는

▶ 배추흰나비(Pieris rapae)

분류: 나비목 > 흰나빗과 / 앞날개의 길이: 25~30mm / 먹이: 민들레, 유채, 엉겅퀴 등의 꽃꿀

하얀 날개에 검은 무늬가 흩어져 있다. 배추흰나비는 사람의 눈에는 보이지 않는 자외선을 볼 수 있지만, 빨간색을 식별하지 못한다.

봄이 오는 것을 느끼는

노랑나비(Colias erate) ◀

분류: 나비목 > 흰나빗과 / 앞날개의 길이: 23~33mm / 먹이: 유채, 민들레, 봄망초 등의 꽃꿀

날개가 옅은 노란색이며, 검은색 반점이 있다. 색깔이 다를 뿐 외형이 배추흰나비와 비슷하다.

계절에 따라 색의 차이를 즐길 수 있는

▶ 네발나비(Polygonia c-aureum)

분류: 나비목 > 네발나빗과 / 앞날개의 길이: 23~34mm / 먹이: 꽃꿀, 수액, 썩은 과일

날개의 겉면에 검은 반점이 줄지어 있다. 다리가 6개이지만 앞다리 2개가 짧게 퇴화되어 4개로 보이기 때문에 '네발나비'라고 한다. 황갈색의 여름형과 붉은색의 가을형 2가지 유형이 있다.

선명한 푸른빛을 띠는

청띠신선나비(Kaniska canace) ◀

분류: 나비목 > 네발나빗과 / 앞날개의 길이: 25~45mm / 먹이: 수액, 썩은 과일

검은색에 가까운 남색 날개에 빛을 발하는 듯한 옅은 남빛 선이 들어가 있다. 하지만 뒷면은 마른 잎과 비슷한 색으로, 의태해서 적으로부터 몸을 보호한다.

날개가 아름다운

▶ 왕오색나비(Sasakia charonda)

분류: 나비목 > 네발나빗과 / 앞날개의 길이: 43~68mm / 먹이: 상수리나무, 졸참나무 등의 수액

날개에 다섯 가지 색이 나타난다고 해서 '오색'이라는 이름이 붙었다. 기품이 넘치는 모습이다.

수수한 듯 보이지만 화려한

남색부전나비(Narathura japonica) ◀

분류: 나비목 > 부전나빗과 / 앞날개의 길이: 14~22mm / 먹이: 상수리나무, 졸참나무 등의 수액, 꽃꿀

날개 뒷면은 갈색에 얼룩무늬가 있고, 겉면은 청자색에 검은 테를 두르고 있는 아름다운 품종이다.

도시에서도 쉽게 찾을 수 있는

▶ 남방부전나비(Pseudozizeeria maha)

분류: 나비목 > 부전나빗과 / 앞날개의 길이: 9~16mm / 먹이: 괭이밥, 민들레 등의 꽃꿀

연한 남빛 날개가 아름다운 느낌을 주는 나비이다. 부전나빗과로서는 작은 편이며, 거리에서도 많이 볼 수 있다.

화려한 주황색이 매력 포인트인

푸른큰수리팔랑나비(Choaspes benjaminii) ◀

분류: 나비목 > 팔랑나빗과 / 앞날개의 길이: 23~31mm / 먹이: 병꽃나무 등의 꽃꿀

날개는 녹색을 띠며 가장자리에 주황색 무늬가 있는 것이 특징이다. 머리에는 검고 둥근 무늬가 있다.

나비와 나방의 차이점은 무엇으로 알 수 있을까?

나비와 나방을 완벽하게 구별할 수는 없지만, 일반적인 구별법의 예를 소개한다.

*나비와 나방, 모두 계통적으로는 같은 나비목에 속한다.

① 나비는 낮에 활동하지만 나방은 밤에 활동한다!

예외도 있지만, 기본적으로 나비는 주행성이고 나방은 야행성이다.

② 나비는 날개를 접지만 나방은 활짝 편 채로 앉는다!

가장 구분하기 쉬운 것이 꽃이나 가지에 머무를 때이다. 예외도 있지만, 대체로 날개를 접는 쪽이 나비이고 편 채로 앉는 쪽이 나방이다.

③ 더듬이는 나비가 가늘고 나방이 굵다!

나비의 더듬이는 전체적으로 가늘고 끝이 부풀어 있다. 반면에 나방의 더듬이는 끝으로 갈수록 형태가 가늘고 뾰족하며, 털로 덮여 있는 것도 있다.

초강력 곤충 최강왕 결정전

결승전

기라파톱사슴벌레

VS

리옥크

드디어 결승전이 시작되었다. 결승까지 올라온 선수는 세계에서 가장 긴 사슴벌레인 기라파톱사슴벌레와 자신보다 몸집이 큰 상대도 가리지 않고 달려드는 사납고 잔인한 곤충 리옥크이다. 기라파톱사슴벌레의 큰턱이 상대를 잡을 수 있을까, 아니면 리옥크가 상대를 머리부터 통째로 씹어 먹게 될까? 과연 기라파톱사슴벌레와 리옥크 중 어느 쪽이 곤충 최강왕이 될 것인지 마지막 배틀을 지켜보자.

배틀 시작!

양쪽 모두 이미 전투태세를 갖추고 투지가 불타오른다!

기라파톱사슴벌레와 리옥크가 대치하고 있다. 두 선수 모두 투지가 넘친다. 기라파톱사슴벌레는 상대를 당장이라도 붙잡으려는 듯 큰턱을 벌리기 시작한다.

한편 리옥크는 긴 더듬이를 움직이며 기라파톱사슴벌레가 어떻게 움직일지 탐색하고 있다. 리옥크의 더듬이가 기라파톱사슴벌레의 몸에 닿았다.

치명적인 결정타!

큰턱이 리옥크의 배를 조인다!

다음 순간, 리옥크가 움직이며 기라파톱사슴벌레를 꼼짝 못 하게 누르려고 한다. 하지만 리옥크의 몸을 기라파톱사슴벌레의 큰턱이 잡았다. 부드러운 배가 강렬한 힘에 의해 조여 오자 리옥크는 기절해 버려 움직일 수 없었다.

공격 필살기

지옥의 조르기 공격

톱 같은 날카로운 큰턱으로, 상대의 몸을 붙잡아 조르기 공격을 한다.

승자

기라파톱사슴벌레

단단한 몸을 지닌 상대에게도 큰 타격을 줄 정도로 강력한 무기인 큰턱. 리옥크의 부드러운 배는 큰턱의 조르기 공격에 치명적인 타격을 받았다. 기라파톱사슴벌레의 무기가 승리를 가져온 것이다.

결승전 총평

12마리의 뛰어난 곤충들이 대결한 토너먼트. 대결에서 이기고 올라간 최후의 2마리가 격돌한 끝에 멋지게 승리를 거둔 것은 기라파톱사슴벌레였다.

자신의 무기를 믿은 것이 승리의 원인

준결승전에서는 기라파톱사슴벌레가 코카서스왕장수풍뎅이를, 리옥크가 길앞잡이를 이겼다. 강적을 무찌른 두 선수 모두 기세가 등등하고 의욕이 넘쳤다.

기라파톱사슴벌레에 대항해 리옥크가 조금도 두려워하지 않고 앞으로 나아갔지만, 그 공격을 멈추게 된 것은 기라파톱사슴벌레의 큰턱 때문이었다.

기라파톱사슴벌레는 이전까지 토너먼트 대결에서 상대를 제압해 왔던 큰턱의 힘을 믿고 있었다. 그런 자신감이 있어서 리옥크의 공격에 조금도 당황하지 않았다. 리옥크의 몸을 단단히 잡아 공격함으로써 승리할 수 있었던 것이다.

준결승전

준결승전에서는 코카서스왕장수풍뎅이와 싸웠다. 최강의 사슴벌레와 최강의 장수풍뎅이가 격돌하자 곤충 팬에게는 꿈에 그리던 대망의 싸움이 실현되었다. 기라파톱사슴벌레가 메치기 기술로 승리했다.

결승전

지금까지의 싸움에서 다양한 상대를 물어서 산산조각 냈던 리옥크와 격돌했다. 리옥크의 엄청난 파워로 의외의 결과가 일어날 것이라는 예상도 했다. 하지만 기라파톱사슴벌레가 큰턱을 이용해서 죽음의 조르기 공격으로 승리했다.

초강력 곤충왕 배틀 최종 우승!

기라파톱사슴벌레

총평

사투가 벌어진 곤충 최강왕 결정전을 제압한 것은 결국 기라파톱사슴벌레였다. 어떤 상대에게도 결코 기죽지 않는 전투적인 성격과 강인한 큰턱을 활용한 공격력이 승부의 결정타가 되었다. 필살의 무기인 큰턱이 너무 길어서, 배틀 상대는 기라파톱사슴벌레의 몸에 접근할 수조차 없었다. 용감하게 승리를 향해 돌진한 기라파톱사슴벌레에게 축하의 박수를 보낸다. 또한 아쉽게 우승을 놓친 리옥크와 배틀에 출전한 모든 선수들에게도 응원의 박수를 보낸다.

초강력 곤충왕 대도감에 등장한 곤충 소개

전 세계에는 이 책에 모두 담을 수 없을 정도로 많은 곤충이 존재한다.
여기서는 이 책에 등장하는 곤충들을 한눈에 볼 수 있도록 정리하였다.

악테온코끼리장수풍뎅이

전체 길이	50 ~ 135mm
분포 지역	중앙아메리카, 남아메리카
해당 페이지	55쪽

아틀라스장수풍뎅이

전체 길이	42 ~ 108mm
분포 지역	인도, 필리핀, 인도네시아
해당 페이지	50쪽

황닷거미

몸길이	13 ~ 28mm
분포 지역	한국, 일본, 대만, 중국
해당 페이지	128쪽

왕사마귀

전체 길이	68 ~ 95mm
분포 지역	한국, 일본, 중국, 동남아시아
해당 페이지	98쪽

자귀나무허리노린재

전체 길이	17 ~ 21mm
분포 지역	한국, 일본, 중국, 인도, 스리랑카
해당 페이지	102쪽

장수말벌

전체 길이	27 ~ 50mm
분포 지역	동아시아, 동남아시아
해당 페이지	90쪽

큰집게벌레

전체 길이	25 ~ 30mm
분포 지역	한국, 일본, 중국
해당 페이지	104쪽

타란툴라사냥벌

전체 길이	60mm 이상
분포 지역	중앙아메리카, 남아메리카 북부
해당 페이지	92쪽

장수잠자리

전체 길이 90 ~ 103mm
분포 지역 한국, 일본, 중국, 대만
해당 페이지 96쪽

애어리염낭거미

몸길이 10 ~ 15mm
분포 지역 한국, 일본, 중국
해당 페이지 124쪽

검정딱지바구미

전체 길이 11 ~ 15mm
분포 지역 일본, 필리핀, 뉴기니섬 등
해당 페이지 80쪽

혹그리마

전체 길이 19 ~ 28mm
분포 지역 일본, 동아시아
해당 페이지 125쪽

물방개

전체 길이 32 ~ 42mm
분포 지역 한국, 일본, 중국, 대만, 시베리아 남부
해당 페이지 66쪽

그란티남미사슴벌레

전체 길이 33 ~ 90mm
분포 지역 칠레, 아르헨티나
해당 페이지 32쪽

풍이

전체 길이 22 ~ 30mm
분포 지역 한국, 일본, 중국
해당 페이지 79쪽

기라파톱사슴벌레

전체 길이 52 ~ 118mm
분포 지역 인도, 말레이반도, 인도네시아, 필리핀, 태국
해당 페이지 28쪽

검정송장벌레

전체 길이 25 ~ 40mm
분포 지역 한국, 일본, 대만, 중국
해당 페이지 70쪽

털보애왕장수풍뎅이

전체 길이 35 ~ 55mm
분포 지역 필리핀
해당 페이지 54쪽

코카서스왕장수풍뎅이

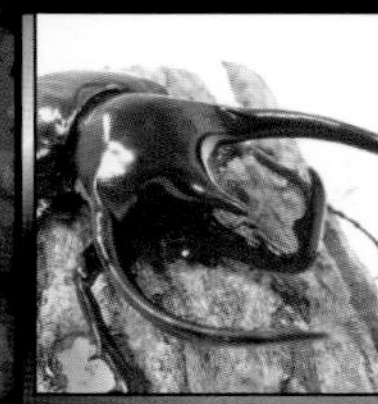

전체 길이 60 ~ 130mm
분포 지역 말레이반도, 수마트라섬, 자바섬, 인도차이나반도
해당 페이지 52쪽

오각뿔장수풍뎅이

전체 길이 45 ~ 86mm
분포 지역 중국, 인도, 미얀마, 말레이시아, 태국
해당 페이지 47쪽

남방장수풍뎅이

전체 길이 33 ~ 53mm
분포 지역 중국, 일본, 동남아시아
해당 페이지 44쪽

사탄왕장수풍뎅이

전체 길이 55 ~ 115mm
분포 지역 볼리비아
해당 페이지 56쪽

사막메뚜기

전체 길이 50 ~ 70mm
분포 지역 서아프리카 ~ 인도
해당 페이지 97쪽

파리매

전체 길이 23 ~ 30mm
분포 지역 일본, 중국 등
해당 페이지 93쪽

왕병대벌레

전체 길이 약 15mm
분포 지역 한국, 일본
해당 페이지 74쪽

참나무하늘소

전체 길이 40 ~ 50mm
분포 지역 한국, 일본, 중국, 인도네시아
해당 페이지 78쪽

달마니멋쟁이사슴벌레

전체 길이 39 ~ 107mm
분포 지역 필리핀, 미얀마, 말레이시아, 인도네시아
해당 페이지 31쪽

황제전갈

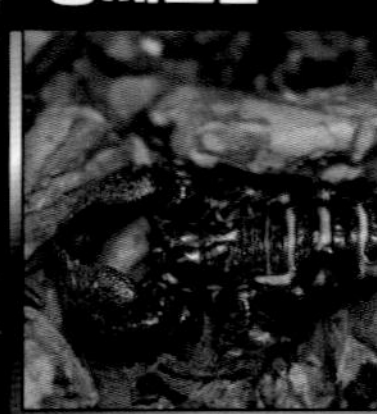

전체 길이 10 ~ 20cm
분포 지역 아프리카 중서부
해당 페이지 126쪽

타이탄하늘소

전체 길이 15 ~ 20cm
분포 지역 베네수엘라, 콜롬비아, 에콰도르, 페루, 기니 각국, 북부 ~ 중부 브라질
해당 페이지 71쪽

크레나투스굽은턱사슴벌레

전체 길이 25 ~ 57mm
분포 지역 대만
해당 페이지 26쪽

물장군

전체 길이 48 ~ 65mm
분포 지역 한국, 일본, 중국, 대만, 동남아시아
해당 페이지 103쪽

왕소똥구리

전체 길이 25 ~ 40mm
분포 지역 아프리카, 지중해 연안, 서아시아
해당 페이지 69쪽

데스스토커

전체 길이 50 ~ 100mm
분포 지역 서아시아, 유럽, 북아프리카, 오스트레일리아
해당 페이지 122쪽

북미갈색실거미

몸길이 약 10mm
분포 지역 북아메리카 남부
해당 페이지 117쪽

왕지네

전체 길이 80 ~ 150mm
분포 지역 한국, 일본, 중국
해당 페이지 121쪽

칠성무당벌레

전체 길이 5 ~ 9mm
분포 지역 한국, 일본, 동남아시아, 유럽, 북아프리카
해당 페이지 75쪽

넵튠왕장수풍뎅이

전체 길이 55 ~ 160mm
분포 지역 중앙아메리카
해당 페이지 45쪽

총알개미

전체 길이 25 ~ 28mm
분포 지역 니카라과, 파라과이
해당 페이지 94쪽

팔라완왕넓적사슴벌레

전체 길이 32 ~ 110mm
분포 지역 필리핀의 팔라완섬
해당 페이지 30쪽

패리큰턱사슴벌레

전체 길이 52 ~ 94mm
분포 지역 수마트라섬, 말레이반도, 인도, 미얀마, 태국
해당 페이지 27쪽

길앞잡이

전체 길이 18 ~ 22mm
분포 지역 한국, 일본, 중국, 태국, 미얀마, 베트남
해당 페이지 76쪽

낙타거미

몸길이 10 ~ 80mm
분포 지역 열대, 아열대
해당 페이지 114쪽

넓적사슴벌레

전체 길이 30 ~ 74mm
분포 지역 한국, 일본, 대만, 중국
해당 페이지 24쪽

브루마이스터멋쟁이사슴벌레

전체 길이 45 ~ 105mm
분포 지역 인도
해당 페이지 20쪽

헤라클레스왕장수풍뎅이

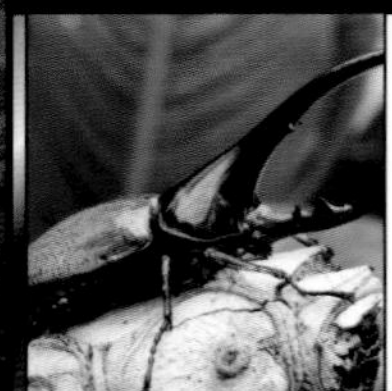

전체 길이 57 ~ 176mm
분포 지역 중앙아메리카, 남아메리카
해당 페이지 48쪽

아마존왕지네

전체 길이 20 ~ 40cm
분포 지역 남아메리카 북부
해당 페이지 118쪽

복서사마귀

전체 길이 약 30mm
분포 지역 동남아시아
해당 페이지 99쪽

곤봉딱정벌레

전체 길이 26 ~ 65mm
분포 지역 일본
해당 페이지 68쪽

마르스코끼리장수풍뎅이

전체 길이 65 ~ 125mm
분포 지역 중앙아메리카, 남아메리카
해당 페이지 51쪽

만디블라리스큰턱사슴벌레

전체 길이 49 ~ 118mm
분포 지역 수마트라섬, 보르네오섬
해당 페이지 22쪽

폭탄먼지벌레

전체 길이 11 ~ 18mm
분포 지역 한국, 일본, 중국
해당 페이지 72쪽

멕시칸레드니

몸 길이 60 ~ 80mm
분포 지역 멕시코
해당 페이지 116쪽

메탈리퍼가위사슴벌레

전체 길이 26 ~ 100mm
분포 지역 인도네시아 술라웨시섬
해당 페이지 23쪽

모엘렌캄피장수풍뎅이

전체 길이 50 ~ 112mm
분포 지역 보르네오섬
해당 페이지 46쪽

야마토장수풍뎅이

전체 길이 30 ~ 53mm
분포 지역 일본, 동아시아, 동남아시아
해당 페이지 42쪽

유럽사슴벌레

전체 길이 45 ~ 90mm
분포 지역 유럽
해당 페이지 18쪽

리옥크

전체 길이 65 ~ 80mm
분포 지역 인도네시아
해당 페이지 100쪽

리노세로스큰턱사슴벌레

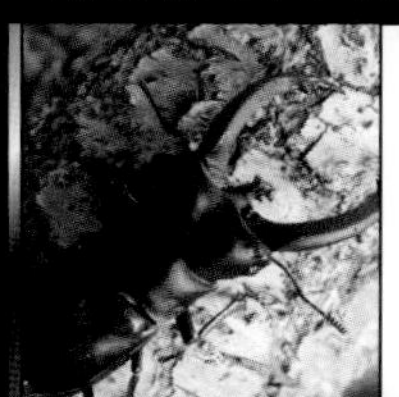

전체 길이 60 ~ 102mm
분포 지역 인도네시아
해당 페이지 21쪽

골리앗버드이터

몸길이 9cm
분포 지역 남아메리카 북서부
해당 페이지 120쪽

ヤバい昆虫 最強キング大図鑑
YABAI KONCHU SAIKYO KING DAIZUKAN
by Ono Hirotsugu

1판 1쇄 인쇄 2024년 11월 15일
1판 1쇄 발행 2024년 11월 27일
감수 | 오노 히로쓰구
번역 | 박유미
발행인 | 심정섭
편집인 | 안예남
편집장 | 최영미
편집자 | 이수진, 한나래
디자인 | 권규빈
브랜드마케팅 | 김지선, 하서빈
출판마케팅 | 홍성현, 김호현
제작 | 정수호
발행처 | (주)서울문화사
등록일 | 1988년 2월 16일
등록번호 | 제 2-484
주소 | 서울특별시 용산구 새창로 221-19
전화 편집 | 02-799-9375 **출판마케팅** | 02-791-0708 **인쇄처** | 에스엠그린

ISBN 979-11-6923-484-9
979-11-6923-483-2(세트)